反驳心理学

宋水兰 / 著

古吴轩出版社

图书在版编目（CIP）数据

反脆弱心理学 / 宋水兰著. -- 苏州：古吴轩出版社，2021.3
ISBN 978-7-5546-1650-5

Ⅰ.①反… Ⅱ.①宋… Ⅲ.①心理学－通俗读物 Ⅳ.①B84-49

中国版本图书馆CIP数据核字（2020）第226523号

责任编辑：蒋丽华
见习编辑：张雨蕊
策　　划：马剑涛　刘欢苗
装帧设计：尧丽设计

书　　名：	**反脆弱心理学**	
著　　者：	宋水兰	
出版发行：	古吴轩出版社	
	地址：苏州市八达街118号苏州新闻大厦30F	邮编：215123
	电话：0512-65233679	传真：0512-65220750
出版人：	尹剑峰	
印　　刷：	唐山市铭诚印刷有限公司	
开　　本：	880×1230　1/32	
印　　张：	7	
版　　次：	2021年3月第1版　第1次印刷	
书　　号：	ISBN 978-7-5546-1650-5	
定　　价：	42.00元	

如有印装质量问题，请与印刷厂联系。022-69236860

前言

在生活中，每个人都有感到脆弱的时候。比如对未来感到担忧，害怕黑夜，经常自责或被人指责，等等，这些都可能使心理脆弱的人感到沮丧、嫉妒、自闭或愤怒。心理学分析称，内心脆弱是一种软弱的情感的状态，内心脆弱的人很难看到自己的内心。

另外，他们对脆弱的认识还存在一些误区。比如，许多人认为脆弱就是软弱的表现，并没有意识到自己渴望的情绪和经验其实都是来自脆弱的内心感受。处于脆弱的时候，他们会完全暴露于众，面对巨大的情感风险。但是，他们承担风险、勇敢面对脆弱以及敞开心扉袒露情感的做法丝毫没有显现出软弱。

莫泊桑在《一生》中这样写道："生活不可能像你想象的那么好，但也不会像你想象的那么糟。""我觉得人的脆弱和坚强都超乎自己的想象。有时，我可能脆弱得一句话就泪流满面；有时，也发现自己咬着牙走了很长的路。"面对挫折时，你是表现得脆弱还是坚强，关键在于你能否唤起自己内心深处的能量，或是反脆弱的心理能量。

心理能量就像冬眠的动物，藏在内心深处，需要你自己去唤醒。弗洛伊德的女儿、心理学家安娜·弗洛伊德说过："我总是从外界寻求力量和自信，然而这些都来源于内心；它在那儿，从不曾离开。"

什么是反脆弱呢？有些人认为它是脆弱的反义词，代表坚韧、坚强、结实、牢固，但它并不仅仅表示这些意义，更是指一些事物能从冲击中受益，当其被暴露在波动性、随机性、混乱和压力、风险和不确定性中时，它们反而能茁壮成长和壮大。用一句话来解释，它就是一个超越复原力和强韧性的概念。正如尼采的一句名言："凡不能毁灭我的，必使我强大。"

而一个人只有具有反脆弱能力，才能真正无所畏惧；一个人只有具有反脆弱能力，才能在生活中泰然自若、宠辱不惊，不论外界有多少诱惑、挫折，都心无旁骛，依然固守着内心的那份坚定。

本书从心理学出发，一针见血地指出"玻璃心"的脆弱根源，重点提出了克服脆弱的方法：克服完美主义、化解焦虑、掌控恐惧、调节羞耻、降低敏感度、提高抗压能力、建立心灵后盾。我将自己的观察与研究注入一个个鲜活案例，每章深入探讨一个话题，帮助读者找出思维缺陷，反思生活现状，走出行为误区。通过有意地培养与练习，相信大家完全可以摆脱"玻璃心"，提高做事的成功概率和生活的幸福指数，让生活更有方向感。

最后，相信通过阅读本书，每一个人都有能力直面各种脆弱；不论境况有多么变幻莫测，你都可以满怀希望和充满力量地去生活。

目录

Chapter 1 反脆弱：一种超越复原力和强韧性的能力

　　心理测试：你的内心脆弱吗？ / 002

　　什么是反脆弱 / 008

　　为什么现在的人变得更加脆弱 / 011

　　关于脆弱心理的几种认识误区 / 013

　　延伸阅读——提升反脆弱能力的方法 / 016

Chapter 2 克服完美主义，才能更好地接受自己的脆弱

　　心理测试：你是一个完美主义者吗？ / 020

　　完美主义者关注的是别人如何看自己 / 026

　　改变非黑即白的极端思维 / 029

　　尝试自我评价的正确方法 / 034

　　转化心理，适度降低自己的期望值 / 037

　　别在无关紧要的小事上太较真 / 040

　　严格把握界限，谨防极端的自尊 / 043

　　延伸阅读——完美主义容易引发消极行为 / 046

Chapter 3　化解焦虑，给脆弱的内心复原的时机

心理测试：你焦虑了吗？ / 050

心理学家对焦虑的诠释 / 054

对付广泛性焦虑，要转变思考与行为方式 / 058

采用暴露与反应阻断，能够缓解强迫症 / 062

以积极的心态面对惊恐发作 / 065

治愈五步走，带你告别创伤性应激障碍 / 069

简单易行的有效化解焦虑的方法 / 072

延伸阅读——诱发焦虑的几大情境 / 076

Chapter 4　掌控恐惧，让你的内心变得更有力量

心理测试：测测你的恐惧程度 / 080

勇敢地面对，克服社交恐惧 / 084

直面内心的恐惧，科学看待特定恐惧 / 088

有效缓解结婚恐惧，要多多与对方沟通 / 091

改变选择的方式，避免艰难选择的恐惧 / 094

缓解密集恐惧感，主动面对不回避 / 097

调整好心态，减轻上班恐惧心理 / 100

延伸阅读——认识恐惧 / 104

Chapter 5　调节羞耻感，避免给内心带来过多的痛苦

心理测试：你是否长期陷于羞耻感中？ / 110

区分羞耻感和内疚感 / 112

好的羞耻感给人以力量 / 115

以羞耻为中心的过度羞耻感 / 119

如何治愈自我羞辱带来的羞耻感 / 123

如何治愈个人关系带来的羞耻感 / 127

如何治愈原生家庭带来的羞耻感 / 131

延伸阅读——帮助缺乏羞耻感的人 / 134

Chapter 6　降低敏感度，减少没有必要的内心消耗

心理测试：测测你的敏感度 / 138

屏蔽过多的感官刺激 / 142

别让良心不安牵着你的鼻子走 / 145

放下面子，减轻内心的负重 / 148

勿树立太多的假想敌 / 151

不要太在意别人的看法 / 154

勇于放手，偏执不可取 / 157

延伸阅读——内向型 + 高敏感型 / 161

Chapter 7　提高抗压能力，不断培养逆境中的强韧心理

心理测试：你的抗压能力如何？ / 164

走出舒适圈，努力去完成一件难的事 / 167

正确理解失败，才能不害怕失败 / 170

发挥自我优势，培养逆境中的积极心理 / 173

坦然面对改变，提升适应新变化的能力 / 177

减轻时间压力的十大方法 / 181

多感受音乐，能缓解你的压力 / 185

延伸阅读——坚韧人格的三要素 / 188

Chapter 8　建立心灵后盾，反脆弱心理需要他人的支持

心理测试：社会支持评定量表 / 192

懂得借力，没有人能搞定一切 / 197

你的后盾在哪里？最重要的三种人 / 200

感恩曾在关键时刻帮助过你的人 / 202

延伸阅读——人与人之间的四种关系状态 / 205

附录

关于内心强大的八大事实 / 207

内心强大，必须学会这三点 / 210

Chapter 1

反脆弱：
一种超越复原力和强韧性的能力

纳西姆·尼古拉斯·塔勒布提出了一个新的概念——反脆弱。它是一个超越复原力和强韧性的概念。正如尼采的一句名言："凡不能毁灭我的，必使我强大。"复原力是事物抵御冲击并在遭受重创后进行复原的能力；而反脆弱则进一步超越了复原力，让事物在压力下逆势生长。

心理测试：你的内心脆弱吗？

请仔细阅读每一道测试题，然后根据自身的情况选择一个最符合你的选项。

★1. 你是否觉得自己比不上所认识的大多数人？

① 完全如此　　② 总是　　　③ 经常　　　④ 有时

⑤ 很少　　　　⑥ 极少　　　⑦ 从不

★2. 你是否认为自己是个毫无价值的人？

① 完全如此　　② 总是　　　③ 经常　　　④ 有时

⑤ 很少　　　　⑥ 极少　　　⑦ 从不

3. 你是否对人们有朝一日将看得起你、尊敬你有信心？

① 完全如此　　② 总是　　　③ 经常　　　④ 有时

⑤ 很少　　　　⑥ 极少　　　⑦ 从不

★4. 你是否对自己失望，以至于开始怀疑自己是不是一个有价值的人？

① 完全如此　　② 总是　　　③ 经常　　　④ 有时

⑤ 很少　　　　⑥ 极少　　　⑦ 从不

★5. 你是否讨厌自己？

① 完全如此　② 总是　③ 经常　④ 有时

⑤ 很少　⑥ 极少　⑦ 从不

6. 一般来说，你对自己的能力有多大信心？

① 非常大　② 很大　③ 比较大　④ 一般

⑤ 有一点　⑥ 几乎没有　⑦ 完全没有

★7. 你是否觉得自己什么事都做不好？

① 完全如此　② 总是　③ 经常　④ 有时

⑤ 很少　⑥ 极少　⑦ 从不

★8. 你对与他人相处是否担心？

① 非常担心　② 很担心　③ 比较担心　④ 一般

⑤ 有一点　⑥ 几乎不　⑦ 完全不

★9. 你是否担心你的所作所为会导致老师或领导的批评？

① 完全如此　② 总是　③ 经常　④ 有时

⑤ 很少　⑥ 极少　⑦ 从不

★10. 当你走进一个房间，看到那里已聚集了很多正在谈话的人时，你会感到害怕和焦虑吗？

① 完全如此　② 总是　③ 经常　④ 有时

⑤ 很少　⑥ 极少　⑦ 从不

★11. 你是否会感到局促不安？

① 完全如此　② 总是　③ 经常　④ 有时

⑤ 很少　⑥ 极少　⑦ 从不

★12. 在你的工作或学习中，你对其他人把你看作成功者还是失败者的关注有多大？

① 非常大　　② 很大　　③ 比较大　　④ 一般

⑤ 有一点　　⑥ 几乎没有　⑦ 完全没有

★13. 在人群中，你是否找不到合适的话题？

① 完全如此　② 总是　　③ 经常　　④ 有时

⑤ 很少　　　⑥ 极少　　⑦ 从不

★14. 当你犯了一个令自己难堪的错误或做了某件使你看起来显得愚蠢的事情时，你需要花多长时间才能忘记它？

① 至少一个月　② 一周　　③ 两三天　　④ 一天

⑤ 一会儿　　　⑥ 很快会忘记　⑦ 根本不在意

★15. 遇见陌生人时你会感到不自在吗？

① 完全如此　② 总是　　③ 经常　　④ 有时

⑤ 很少　　　⑥ 极少　　⑦ 从不

★16. 你是否担心别人会不愿意和你在一起？

① 完全如此　② 总是　　③ 经常　　④ 有时

⑤ 很少　　　⑥ 极少　　⑦ 从不

★17. 你是否因羞怯而烦恼？

① 完全如此　② 总是　　③ 经常　　④ 有时

⑤ 很少　　　⑥ 极少　　⑦ 从不

★18. 当你认为你遇到的一些人对你的看法不佳，你对此有多大的关注或担忧？

① 非常大　　② 很大　　③ 比较大　　④ 一般

⑤ 有一点　　⑥ 几乎没有　　⑦ 完全没有

★19. 你是否因为他人对你的看法而感到焦虑或不安？

① 完全如此　　② 总是　　　③ 经常　　　④ 有时

⑤ 很少　　　　⑥ 极少　　　⑦ 从不

★20. 如果老师或领导要求你在较短的时间内弄清一篇文章的含义，你会有多焦虑？

① 非常焦虑　　② 很焦虑　　③ 比较焦虑　　④ 焦虑

⑤ 有一点焦虑　⑥ 几乎不焦虑　⑦ 完全不焦虑

★21. 当你必须写一份意见以说服可能与你有不同看法的领导时，你会有多大的担心或焦虑？

① 非常大　　　② 很大　　　③ 比较大　　　④ 一般

⑤ 有一点　　　⑥ 几乎没有　　⑦ 完全没有

★22. 你是否觉得以书面形式表达自己的观点很困难？

① 完全如此　　② 总是　　　③ 经常　　　④ 有时

⑤ 很少　　　　⑥ 极少　　　⑦ 从不

★23. 在阅读理解的练习中，你会碰到困难吗？

① 完全如此　　② 总是　　　③ 经常　　　④ 有时

⑤ 很少　　　　⑥ 极少　　　⑦ 从不

★24. 你是否想象自己的学习能力比其他同学或同事差？

① 完全如此　　② 总是　　　③ 经常　　　④ 有时

⑤ 很少　　　　⑥ 极少　　　⑦ 从不

25. 你会很出色地完成你的任务吗？

① 完全如此　　② 总是　　　③ 经常　　　④ 有时

⑤ 很少　　　⑥ 极少　　　⑦ 从不

★26. 你是否觉得自己必须更加努力，才能取得和其他人一样的成绩？

① 完全如此　② 总是　　　③ 经常　　　④ 有时
⑤ 很少　　　⑥ 极少　　　⑦ 从不

★27. 你为自己的体格或形象感到过不安吗？

① 完全如此　② 总是　　　③ 经常　　　④ 有时
⑤ 很少　　　⑥ 极少　　　⑦ 从不

★28. 你是否觉得你的大多数朋友比你更有魅力？

① 完全如此　② 总是　　　③ 经常　　　④ 有时
⑤ 很少　　　⑥ 极少　　　⑦ 从不

★29. 你希望或幻想自己变得更漂亮些吗？

① 完全如此　② 总是　　　③ 经常　　　④ 有时
⑤ 很少　　　⑥ 极少　　　⑦ 从不

★30. 你对自己吸引异性的能力，是否感到担心或焦虑？

① 完全如此　② 总是　　　③ 经常　　　④ 有时
⑤ 很少　　　⑥ 极少　　　⑦ 从不

31. 你对你的外表吸引力，自信程度有多大？

① 非常大　　② 很大　　　③ 比较大　　④ 一般
⑤ 比较小　　⑥ 很小　　　⑦ 极小

★32. 你是否觉得自己的动作不协调？

① 完全如此　② 总是　　　③ 经常　　　④ 有时
⑤ 很少　　　⑥ 极少　　　⑦ 从不

★33. 当你尽力想在某项体育活动中表现出色,而且知道其他人正在观看时,你会觉得不安或惶恐吗?

① 完全如此　② 总是　　③ 经常　　　④ 有时
⑤ 很少　　　⑥ 极少　　⑦ 从不

计分方法

带有星号的题,①~⑦分别计1~7分。不带星号的题,①~⑦分别计7~1分。

结果分析

得分越低,表明内心越脆弱。

反脆弱心理学

什么是反脆弱

<u>生活中，每个人都有脆弱的时候，比如感觉没人爱、对未来有太多担忧、害怕尝试新事物等。但你要清楚，直面内心的脆弱，具备反脆弱能力，将使你的内心更强大，进而能使你解决好生活和工作中所遇到的各种困难和挫折。</u>

通常我们认为，脆弱的反义词是坚韧、坚强、结实、牢固。但反脆弱并不仅仅表示这些意义，更是指一些事物能从冲击中受益，当其被暴露在波动性、随机性、混乱和压力、风险和不确定性中时，它们反而能茁壮成长和壮大。为此，纳西姆·尼古拉斯·塔勒布提出了一个新的概念——反脆弱。

换句话说，反脆弱是一个超越复原力和强韧性的概念。复原力是事物抵御冲击并在遭受重创后进行复原的能力；而反脆弱则进一步超越了复原力，让事物在压力下逆势生长。正如尼采的一句名言："凡不能毁灭我的，必使我强大。"

比如，动物园里的狮子生活安稳，从不用担心挨饿，但一旦

Chapter 1　反脆弱：一种超越复原力和强韧性的能力

动物园出现大的变故，狮子很可能会面临生存问题；而森林里的狮子，虽然捕食成功率只有20%，经常饿肚子，但从不用担心生存问题，这里的狮子反而会比动物园里的狮子更强壮。我们就说森林里的狮子是反脆弱的。

又如，信息是反脆弱的，湮灭信息的努力比宣传信息的努力更能增强信息的力量。一个典型的例子是，很多人越是为自己辩解，就会越描越黑。或者你可以尝试一下下面这个传播消息的实验：告诉别人一个秘密，并强调这是一个秘密，恳请对方"千万不要告诉其他人"。结果你越强调这是个秘密，它传播得就越快。

反脆弱不是一个可以一概而论的概念，它有着丰富的内涵，也有着深刻的层次。在一个系统中，考虑系统和个体的关系，反脆弱的表现是不一样的。在许多情况下，个体的牺牲反而会带来系统反脆弱能力的增强。

这里以一个行业为例，餐馆的经营往往是脆弱的，它们之间会相互竞争，但正因此，某个地区的餐馆集群才是反脆弱的。因为顾客的口味一直在变，如果有一家餐馆因不符合大众的口味而倒闭，其他餐馆就会意识到问题的存在，并改进自己的菜品口味，从而使得整个餐饮行业更加符合顾客的需求，更加欣欣向荣。

此外，"泰坦尼克号"的故事也充分说明了系统利益与对部分个体的伤害之间的区别。工程历史学家亨利·佩特罗斯提出了一个这样的观点：如果"泰坦尼克号"没有遭遇那次众所周知的致命事故，人们可能会不断地建造越来越大的远航客轮，而下一次的灾难将是更大的悲剧。实际上，船上的乘客是为更大的利益做出了牺牲，他们挽救的生命数量将超过逝去的生命数量。

总之，反脆弱描述的是一种特性、一种系统、一种状态。当它在面对不确定性的时候，不但不会受到负面影响，反而会从中大大获益。

> **小知识**
>
> 反脆弱的产生是有条件的，压力源的刺激频率非常重要。通常，人们在急性刺激下会比在慢性刺激下表现得更加出色。其中，压力源又称应激源或紧张源，是指任何能够被个体知觉并产生正性或负性压力反应的事件或内外环境的刺激。

Chapter 1 反脆弱：一种超越复原力和强韧性的能力

为什么现在的人变得更加脆弱

<u>现在的人生活条件越来越好，但内心反而变得更加脆弱了。</u>

相比以前，现在人们的内心变得更加脆弱的原因主要有以下几个方面：

1. 压力增大

随着经济越来越发达，现在人们的生活确实越来越好了，但压力也越来越大了。比如就业压力，大学毕业生的数量每年都在增长，而岗位有限，许多大学生都面临着找不到工作的困境；又比如物质方面的压力，经济在发展，物价却也在增长，尤其是房价，而人们的工资涨幅远远跟不上物价的上涨。

除了以上列出的压力，还有很多。这些压力积累在一起，会给一个人的心理造成一定的影响。

2. 家庭教育不足

现在的家庭模式大多是爸爸和妈妈出去工作，孩子交给老人带。这样的家庭模式，使孩子与父母在一起的欢乐时光减少了，孩子的内心难免感到孤独和寂寞。长期在这种环境中长大的孩子,内心会缺乏一定的安全感。因为父母的陪伴是给孩子最好的爱,感受不到爱的孩子的心理是不健康的。

另外,许多父母过度保护孩子,不让孩子受一点点挫折,这反而使孩子的心理很容易受到伤害。比如孩子摔倒了,父母总是赶紧上前扶起,等孩子稍大后,遇到挫折时,第一时间就会想到父母,而不是让自己变得坚强起来。

3. 交际范围变窄

人生而具有社会属性,需要通过社会交际来获取生存信息。然而,对很多人来说,"屏社交"正在取代原始社交模式。尽管人们渴望拥有社交,却还是无可奈何地沦为了屏幕的"奴隶"。这导致人与人之间面对面的交流变得少之又少,即使面对面,大家也总喜欢当"低头族",翻看手机里的内容。

> **小知识**
>
> 心理学家研究发现,居住环境对一个人性格和心理的发展有一定的影响。在城市单元楼居住的人,其性格多孤僻,不善交际;而生活在有院落环境中的人,则多热情大方,善于交际。

Chapter 1　反脆弱：一种超越复原力和强韧性的能力

关于脆弱心理的几种认识误区

脆弱心理指一个人的心理承受能力比较弱，不能承受太大的挫折，甚至面对很小的挫折都会表现出一些极端行为。

规避有关脆弱心理的认识误区，对于构建我们的反脆弱能力有积极的作用。下面是几个关于脆弱心理的认识误区。

1. 脆弱是软弱的表现

多数人认为脆弱就是软弱的表现，并没有意识到自己渴望的情绪和经验其实都来自脆弱的内心感受。

当你处于脆弱的时候，会完全暴露于众，面对巨大的情感风险。但是，当你承担风险、勇敢面对脆弱、敞开心扉袒露情感时，这些做法并不是软弱。

2. "我不会脆弱"

通常，这句话还伴有一句带有性别或职业的解释加以支撑，比如"我是男生，我不会脆弱""我是心理医生，我不会脆弱"。遗憾的是，人们并没有摆脱脆弱心理，因为生活中充满着脆弱性。

当我们面对脆弱时，我们容易感受到一种不舒服的心理状态。就亲密关系而言，使我们感受到脆弱的时刻主要有两种情况：一种是事实的暴露，即将与自己相关的秘密告诉另一半；一种是情绪的吐露，即在感到虚弱、情绪不稳定的时候，将你的感受告诉另一半，或向对方寻求帮助。

这两种情况会使你感到害怕，将自己置于脆弱的状态中，这会引发一系列后果，比如，害怕因此而失去对方的爱。这就是我们经常说"我不会脆弱"的主要原因。

3. 脆弱就是把一切袒露出来

脆弱不是过度分享和全盘托出，它不是什么事情都袒露出来。袒露脆弱或敞开心扉建立在相互信任的基础上。

在我们甘冒风险分享自己的脆弱之前，会把一切保密工作都做到位。然而，我们并不是第一次见到某人就敞开自己的心扉，然后一开口就说"嗨，我叫××，这是我内心最阴暗的挣扎"。这不是脆弱。或许这是绝望或创伤，或是在寻求别人的注意。

我们有所保留地与他人分享自己的脆弱，这意味着我们是与那些已经建立信任关系的人分享，他们能承受我们故事的内容。这种结果更能增进彼此的关系和信任。

Chapter 1 反脆弱：一种超越复原力和强韧性的能力

> **小知识**
>
> 一个人不论在什么年龄阶段，内心的脆弱之处永远存在，只不过在表现程度和方式上不同而已。严重的心理脆弱，会导致情感的压抑、人与人之间缺乏沟通、怀疑别人的真诚、工作不顺心、人际关系不协调等。因此，正确处理内心深处的脆弱，让自己变得更勇敢，对每一个人来说都很重要。

延伸阅读——提升反脆弱能力的方法

纳西姆·尼古拉斯·塔勒布提出了以下四种提升反脆弱能力的方法。

1. 过度补偿或过度反应

过度补偿的例子在生活中随处可见。比如，注射疫苗的原理是让身体先少量感染病毒，以此增强免疫力，抵御严重的疾病威胁；领导着急完成某事，最好交给一个最繁忙的员工，而不是最清闲的那个；最好的学习环境，不见得是最安静的，适当的噪声反而有助于集中注意力；要抓住听众的注意力，并非声音越大越好，有时降低音量反而会让大家竖起耳朵。

总之，在应对这个世界中的不确定性和危机时，过度补偿是避开风险、增强自己能力的方法之一。但凡事过犹不及，超过了限度，则外部冲击最终会造成脆弱。

2. 合理干预

合理干预是增强反脆弱能力的必经之路，关键在于干预的方法和力度。但是,人们往往会进行过度的干预。这种过度的干预带来的严重后果就是医源性损伤。

医源性损伤是从事医疗、防疫等相关人员的言谈、操作行为不慎以及医疗相关操作的副作用而造成患者生理或心理上的损伤。一个典型的医源性损伤的例子是,乔治·华盛顿总统在1799年12月死亡,有足够的证据表明,他的医生使用了当时的标准疗法,包括放血,这加速了他的死亡。

后来,医源性损伤这个概念又被推广到政治学、经济学、城市规划、教育及更多的领域。比如,在家庭层面,不少父母对孩子的学习、生活干涉太多,阻碍了孩子反脆弱能力的培养。

塔勒布提倡的干预方法是,要保持干预的存在,但是不要盲目上场、亲自上手。

3. 杠铃策略

塔勒布提出,提升反脆弱能力,杠铃策略是一个非常有效的方法。简单来说,就是做好多手准备,合理地分配自己的时间、精力和资源,可以避免满盘皆输。

杠铃策略不是对未来的预测,因为未来是难以预测的、不确定的。古希腊哲学家泰勒斯投资榨油机的故事,往往被解读为他可以准确地预测未来。其实,泰勒斯的秘诀正是杠铃策略,他设想了橄榄丰收与不丰收的两种可能,分别做了准备。

当然,要想利用好这个策略,就要有全局思考的能力,不能盲目自信和贸然行事。

4．不对称性

有这样一则故事：

一位国王对他的儿子大发雷霆，宣告要用大石头压死儿子。他冷静下来后，觉得自己太冲动了，不应说出那样的话。但国王一言九鼎，食言未免有损权威。于是，国王的智囊团想出了一个解决办法，他们把大石头碎成1000块小石子，随后就用这些石子投向国王顽劣的儿子。

非线性效应是指反应没有办法直接估计、不呈直线分布的效应。1000块小石子和同等重量的大石头之间的区别，是说明脆弱源于非线性效应的有力例证。对脆弱的事物来说，冲击带来的伤害会随着冲击强度的增加而以更快的速度增长。假如用一个坐标轴表示，那根线一定不是直线，而是曲线。这就是不对称性的表现。

反过来说，对反脆弱的事物来说，在一定限度内，冲击越强，带来的益处则越大。

一旦认清了这种不对称性，我们就有了更多的选择，有了更多反脆弱的空间。

Chapter 2

克服完美主义，
才能更好地接受自己的脆弱

完美主义者在生活中总是想方设法以尽善尽美的方式完成所有任务，并不断地给自己制定高标准。但如果没有达到预期的标准，他们往往会产生一系列的消极情绪，给自己的心理造成一定的负担和压力。

美国著名作家安娜·昆德兰说："真正的困难之处在于放弃完美，转而寻找自我，这才是真正令人称道之处。"如果你是一位消极的完美主义者，应学会克服这个问题，如此才能更好地处理生活中所遇到的困难和挫折。

心理测试:你是一个完美主义者吗?

请认真阅读下面的测试题,并评估与自身的情况是否一致,如果某一选项与你的情况一致,那么请在该选项上打"√"。

1. 你对自己目标的实现值有极高的期望。

   A. 完全不一致　　B. 基本不一致　　C. 无法确定

   D. 基本一致　　　E. 完全一致

2. 你总是期望自己的事情顺顺利利、按计划进行。

   A. 完全不一致　　B. 基本不一致　　C. 无法确定

   D. 基本一致　　　E. 完全一致

3. 你无法把握事情的轻重缓急。

   A. 完全不一致　　B. 基本不一致　　C. 无法确定

   D. 基本一致　　　E. 完全一致

4. 你具有较弱的处理突发事件的能力。

   A. 完全不一致　　B. 基本不一致　　C. 无法确定

   D. 基本一致　　　E. 完全一致

5. 你制定的目标比其他人的都高。

   A. 完全不一致　　B. 基本不一致　　C. 无法确定

D. 基本一致　　　　E. 完全一致

6. 对于最细小的问题，你处理起来也非常谨慎。

A. 完全不一致　　B. 基本不一致　　C. 无法确定

D. 基本一致　　　　E. 完全一致

7. 对于事情的发展，你总是希望按照你的想法进行。

A. 完全不一致　　B. 基本不一致　　C. 无法确定

D. 基本一致　　　　E. 完全一致

8. 假如你做得没有其他人好，你会觉得自己不如别人。

A. 完全不一致　　B. 基本不一致　　C. 无法确定

D. 基本一致　　　　E. 完全一致

9. 在开始做一件事情前，你总是犹豫不决。

A. 完全不一致　　B. 基本不一致　　C. 无法确定

D. 基本一致　　　　E. 完全一致

10. 你期望你的事情都能按部就班地根据原先计划好的步骤和方向进行。

A. 完全不一致　　B. 基本不一致　　C. 无法确定

D. 基本一致　　　　E. 完全一致

11. 你关注事情发展过程中的细枝末节。

A. 完全不一致　　B. 基本不一致　　C. 无法确定

D. 基本一致　　　　E. 完全一致

12. 你觉得别人对你的尊重来源于你始终出色的表现，如果自己的表现出现偏差，就不能赢得别人的尊重。

A. 完全不一致　　B. 基本不一致　　C. 无法确定

D. 基本一致　　　　E. 完全一致

13. 你在处理绝大多数事情时都不能做到当机立断。

A. 完全不一致　　B. 基本不一致　　C. 无法确定

D. 基本一致　　　　E. 完全一致

14. 你时常觉得自己的要求过于严格。

A. 完全不一致　　B. 基本不一致　　C. 无法确定

D. 基本一致　　　　E. 完全一致

15. 生活和工作中出现的失误，都让你觉得自己是一个彻头彻尾的失败者。

A. 完全不一致　　B. 基本不一致　　C. 无法确定

D. 基本一致　　　　E. 完全一致

16. 你是一个理想主义者。

A. 完全不一致　　B. 基本不一致　　C. 无法确定

D. 基本一致　　　　E. 完全一致

17. 你的目标值极高。

A. 完全不一致　　B. 基本不一致　　C. 无法确定

D. 基本一致　　　　E. 完全一致

18. 你做事时格外小心翼翼。

A. 完全不一致　　B. 基本不一致　　C. 无法确定

D. 基本一致　　　　E. 完全一致

19. 对你来说，在任何事情上如果不能取得第一，你都觉得自己不算成功。

A. 完全不一致　　B. 基本不一致　　C. 无法确定

D. 基本一致　　　　E. 完全一致

20. 当计划外的事情突然发生时，你常常不知所措。

A. 完全不一致　　B. 基本不一致　　C. 无法确定

D. 基本一致　　　　E. 完全一致

21. 你渴望自己取得的成绩超越众人、最为辉煌。

A. 完全不一致　　B. 基本不一致　　C. 无法确定

D. 基本一致　　　　E. 完全一致

22. 你希望对任何事情都有十足的把握。

A. 完全不一致　　B. 基本不一致　　C. 无法确定

D. 基本一致　　　　E. 完全一致

23. 事情的某一环节出现了失误，你会认为自己全盘皆输。

A. 完全不一致　　B. 基本不一致　　C. 无法确定

D. 基本一致　　　　E. 完全一致

24. 你做任何事情时都谨言慎行。

A. 完全不一致　　B. 基本不一致　　C. 无法确定

D. 基本一致　　　　E. 完全一致

25. 你比其他人更不能接受较低的标准。

A. 完全不一致　　B. 基本不一致　　C. 无法确定

D. 基本一致　　　　E. 完全一致

26. 你觉得三心二意、马马虎虎在任何时候都是不应该的。

A. 完全不一致　　B. 基本不一致　　C. 无法确定

D. 基本一致　　　　E. 完全一致

27. 你是个做事犹豫不决的人。

   A. 完全不一致   B. 基本不一致   C. 无法确定

   D. 基本一致   E. 完全一致

28. 你会因为计划不能照常进行而感到不安。

   A. 完全不一致   B. 基本不一致   C. 无法确定

   D. 基本一致   E. 完全一致

29. 你做事非常细心、严谨。

   A. 完全不一致   B. 基本不一致   C. 无法确定

   D. 基本一致   E. 完全一致

30. 周围的人都认为你做事过于苛刻。

   A. 完全不一致   B. 基本不一致   C. 无法确定

   D. 基本一致   E. 完全一致

31. 你无法随机应变地处理绝大多数事情。

   A. 完全不一致   B. 基本不一致   C. 无法确定

   D. 基本一致   E. 完全一致

32. 你很难决定一件事。

   A. 完全不一致   B. 基本不一致   C. 无法确定

   D. 基本一致   E. 完全一致

33. 周围的人都认为你做事情一丝不苟。

   A. 完全不一致   B. 基本不一致   C. 无法确定

   D. 基本一致   E. 完全一致

34. 你做事情经常拖沓，很难按时完成。

   A. 完全不一致   B. 基本不一致   C. 无法确定

D. 基本一致　　　　　E. 完全一致

35. 你期望在做事情时保证万无一失。

A. 完全不一致　　B. 基本不一致　　C. 无法确定

D. 基本一致　　　　　E. 完全一致

36. 你希望所有事情都能在自己的掌控中，否则会认为自己是个失败的人。

A. 完全不一致　　B. 基本不一致　　C. 无法确定

D. 基本一致　　　　　E. 完全一致

37. 你做事时很难分清主次。

A. 完全不一致　　B. 基本不一致　　C. 无法确定

D. 基本一致　　　　　E. 完全一致

38. 假如你在工作或学习上无法做到比任何人都强，你会认为自己彻底失败了。

A. 完全不一致　　B. 基本不一致　　C. 无法确定

D. 基本一致　　　　　E. 完全一致

计分方法

选A得1分，选B得2分，选C得3分，选D得4分，选E得5分。

结果分析

总分超过149分：说明你具有明显的完美主义倾向。

总分在120～149分：说明你具有一定的完美主义倾向。

总分低于120分，说明你的完美主义倾向不明显。

完美主义者关注的是别人如何看自己

<u>完美主义这种现象在生活中随处可见。它的核心在于获得他人的接纳和认可,而不是进行积极的自我完善。这无疑会阻碍自身的心理发展,产生许多不良的心理问题,如焦虑、自卑。</u>

人们对完美的追求可谓生活中的最高目标,追求完美意味着人们试图接近生活的至高标准。完美通常会让人们得到赞扬,以享有极为满足的心理状态。

有的人可能在生活中的某个方面属于完美主义者,比如在工作方面;而有的人在生活中的许多方面都属于完美主义者,比如在爱情、个人仪表、体重标准、清洁打扫、个人卫生、社交表现等方面。对他们而言,任何方面都十分重要。生活中,完美主义以不同的方式影响着我们,为了更好地认识它,让我们一起看一个案例。

在家庭卫生和待客方面,梅根是一个典型的完美主义者。如果梅根邀请朋友来家里做客的话,她会提前用好几个小时打扫卫生,

Chapter 2　克服完美主义，才能更好地接受自己的脆弱

直到做到自认为完美为止。即使这样，她还是认为有一些地方做得不够好。比如，有一次她用了4个小时擦洗地板、擦窗、修剪花花草草，结果还是发现窗户上有几个小污点。为了达到完美，她擦了一遍又一遍。由于在打扫方面花费了很多时间，因此梅根没有充足的时间准备食物，她感到十分紧张和焦虑。在和朋友进餐的整个过程中，她一直为饭菜不够好而自责。

为了在朋友面前表现得完美，梅根把家里打扫得一尘不染，但这还不能达到她心中的高标准，于是她继续不断地擦洗，致使自己没有足够的时间准备食物，这让她感到非常紧张和焦虑。因此说，真正意义上的完美主义是指一种不计后果地追求强加给自己的高标准的人格特质，并且仅凭目标的完成情况来评估自身价值。

研究表明，完美主义会妨碍成功。实际上，完美主义还是滋生抑郁、焦虑、成瘾和生活麻痹的温床。生活麻痹是指因为过于害怕不完美的自我暴露于人前而错失生活中的机会，或是因为害怕失败、犯错、让人失望而停止追求梦想。

那么，完美主义者具体都有哪些表现呢？

第一，完美主义者对凡事都有好的心态，促使他们不断为自己制订新的计划，并且义无反顾地努力执行。但是，在执行计划的过程中，总会出现许多意想不到的问题。在解决这些问题时，他们总希望达到完美的程度，从而使自己过度关注细节与问题。这就容易使他们陷入一种不断重复的矛盾境地，也使手头的计划变得千头万绪。

第二，完美主义者对自身的要求很高，他们不能接受自己在

生活中的各个方面比别人差,这就使他们非常在意别人的评价。因此,为了避免别人对自己的非议,他们会极力保持自身的优秀,表现得非常完美。但这会使他们常处于紧张和疲惫的状态。

第三,完美主义者对别人有很高的要求。因为他们认为追求完美是一个人与生俱来的品质。因此,他们常会不厌其烦地教导别人,使对方按照自己的高标准去做。这样也会使对方感到不愉快。

从中可以看出,完美主义者具有多重个性,这种个性使得他们过于注重他人的评价,并且在自身的成长过程中试图依靠自我否定来使自己接近完美的状态,而忽略了自我肯定的正面价值。

总之,追求完美是好的,但不要陷入完美主义的旋涡里,不要追求乌托邦式的假象。因为世界上本就不存在绝对的完美,即便再完美的人或事物都有其不足之处。

小知识

完美主义使人上瘾。完美主义者会觉得现实中的一切都还不够完美,便通过一遍又一遍的重复动作给自己更多的机会,以达到心目中的完美目标。加州大学的心理学教授艾利斯·普罗沃斯特在对完美主义者的研究中指出,完美主义者的重复动作其实是一种对内在自我极度不认同的极端方式,正因为这种不认同,才让完美主义者对自己取得的成绩始终抱有怀疑的态度。

Chapter 2　克服完美主义，才能更好地接受自己的脆弱

改变非黑即白的极端思维

非黑即白的极端思维在完美主义者身上尤为突出。这种思维模式在评价事情方面过于绝对化，往往会导致两种极端，比如好与坏，对与错，成功与失败，等等。

非黑即白的思维模式，是指用两种截然相反的标准去评判同一个事物，并且考虑事情时容易走极端。比如，在学习方面，"如果成绩不突出的话，我就是个差学生"；在外表方面，"如果衬衫熨烫得不是很好，同事肯定会认为我很懒"；在育儿方面，"如果对孩子稍微发脾气，就意味着我是个坏爸爸（或坏妈妈）"；在饮食方面，"如果吃一块巧克力，那我的身材就彻底毁了"。

这种思维模式也就是平时我们说的二分法思维。二分法思维被认为是导致难以克服完美主义的罪魁祸首，它最初是由牛津大学的学者提出的，澳大利亚科廷大学的伊根博士以及她的同事在研究中也发现，二分法思维是区别完美主义和最优主义的重要依据。

英国心理学家罗兹·沙夫曼提出，利用行为实验法和连续体法

可以有效地帮助完美主义者克服这种思维模式。

1. 行为实验法

行为实验法是一种测验自己的某些推断和搜集某些个人信息的有效方法。下面我们来看一位完美主义者是如何通过行为实验来检测自己在打扫卫生方面的极端思维的。

（1）极端思维

除非家里一尘不染、井井有条，否则没有朋友愿意来做客。

（2）确认自己的预测

如果家里不是很整洁，朋友会认为我非常懒。

（3）细化预测（特定行为、思维与情绪的强烈程度）

除非家里一尘不染，否则朋友来做客时，就会认为我很懒，这会让我很难堪。朋友可能会盯着乱糟糟的地方取笑我，说我没他想象中那么干净。

（4）实验（设计一个实验来检测你的非黑即白的极端思维）

除了清扫厨房外，让其他房间保持原状，然后邀请朋友来家里做客。

（5）记录实验结果

朋友来到家里后并没有注意到那些没有收拾的房间。当朋友盯着那些房间时并没有取笑我，我感到松了一口气。

（6）反思（从实验中你得到了什么）

我不必把家里打扫得一尘不染，我可以慢慢打扫。我很乐意邀请朋友来做客，因为对方不会因为家里有点乱而取笑我。

（7）改变原有思维

我不必事事都力求完美。

克服极端思维的关键就是去完成大量的行为实验。因此，完美主义者可以按照上面案例的步骤不断地进行练习，练习得越多，就越容易克服极端思维。

2. 连续体法

连续体是给思维或行为的两个极端间的连续变化取的名字。连续体法能够帮助完美主义者认识到他们的表现其实并没有陷入某种极端，有益于他们用中间思维看待自己。

为了更好地理解这种方法，我们先来看一个例子。

(1)我的极端思维有哪些

如果我吃了一块巧克力,那我对自己饮食的控制就彻底失败了,同时我也无法阻止自己去吃更多的巧克力。

(2)用连续体法划分极端思维的范畴

严格遵守对饮食的控制 / 完全不对饮食进行控制。

(3)在思维 / 行为中出现与连续体相交的例子(真的是"全"或"无"吗)

前天在朋友家我吃了几块巧克力,但后来我并没有再吃太多的巧克力。

(4)从连续体中学到了什么

我现在可以吃一些巧克力,但要控制量。在饮食方面,我不再用极端的思维要求自己。

完美主义者可以按照上面的步骤检测自己的极端思维。
总之,使用行为实验法和连续体法能够提高思维与行动的灵活度,从而更客观地看待自己。

Chapter 2　克服完美主义，才能更好地接受自己的脆弱

> **小知识**
>
> 通常，完美主义者会为自己制定一些过于严苛的规定，并以此作为评判自身表现的标准。这里给出的方法是用指导建议取代条条框框。比如，完美主义者规定自己"绝对不吃巧克力"，可以改成"能以一种健康的方式吃一块巧克力，但不是每天都吃"的指导建议。

尝试自我评价的正确方法

<u>自我评价是主体对自己思想、愿望、行为和个性特点的判断和评价,是社会心理学非常关注的热点之一。正确的自我评价对自我发展、自我完善有着重要的作用。</u>

如果一个人是完美主义者的话,在一段时间后,他会对自己的要求越来越高,甚至还会把一些根本不可能实现的目标强加在自己身上。另外,一段时间过后他会发现自己为之努力的方面变得越来越窄,同时还会仅凭一两个方面的表现来评价自己。

完美主义者的这种自我评价方式会带来以下一些弊端。

1. 促使自我批评声变得更大

自我批评可以被看作内心产生的自我指责、自我贬低。自我批评的特征之一就是心里会一直有个声音在批评自己,比如"你是失败者,不可救药"等。批评声音越大,就越容易导致严苛或死板的准则产生。比如,"必须""应该"这类词会频繁出现。

2. 使自尊心受到伤害

如果仅仅依靠是否实现不切实际的目标来评价自己，那么你的自尊心会成为这种标准的牺牲品。如果你选择的目标越来越不切实际，甚至难以企及的话，你的自尊心就会受到毁灭性的打击。

3. 容易以偏概全地评价自己

如果在生活或工作中的某些方面，你没有按照既定计划去做，很可能会把自己贬得一文不值。在一定程度上，你会根据在某些方面所获得成就的大小而不是综合多个方面来进行自我评价。

4. 导致所谓的"选择性关注"

"选择性关注"就是只关注或主要关注行为表现中的消极面，并对这种消极面非常不满。

前面，我们了解了完美主义者自我评价的方式是如何影响自己的生活的。那么，完美主义者应如何正确进行自我评价呢？

1. 认清自我评价不受个人成就的影响

随着年龄的增长，完美主义很可能会成为你生活中强大的动力。从近期看，找出完美主义什么时候在生活中不占支配地位会十分困难。重新回忆一下完美主义出现前的生活将有助于你改掉旧观念、检验新观念。

2. 鼓励自己制定灵活切实的目标

切实的目标是指在付出合理的努力后就能实现的目标。为了评估目标是否切实可行，你可以进行一项调查，调查对象可以是那些你认为在生活和事业上获得成功或你钦佩的人，也可以是那些你认为拥有高质量生活的人。

在调查过程中,你可以问对方这样的问题:每天为自己制定什么样的目标?在没有实现这些目标时,会如何处理?等等。利用搜集的这些信息,再对照自己设定的目标,看目标设定得是否合理。

3. 通过不同方面来进行自我评价

你可以从社交生活、工作、收入、家庭关系、健康等多个方面来试着评价自己,并为每个方面制定一些具体的短期目标。在制定短期目标的时候,请记住要灵活、合理。

4. 逐步平衡自己每天关注的内容

你要重新分配自己的注意力,平衡自己每天关注的内容。要做到这一点,坚持每天记日记是一个很好的方法。记日记应牢记两个原则:第一,关注自己取得的任何一个成绩,无论看上去多么微不足道;第二,记下生活中每个方面取得的成绩。

> **小知识**
>
> 降低自我批评有三个步骤。第一步,辨别批评声。你可以找出那些让你在向别人倾诉时欲言又止的思维,这些思维往往会让说的话带有批判性。第二步,辨别鼓励声。第三步,找出面对批评声的应对方法。比如,面对它时,你可以"静观其变",也就是在感受的同时不做评判。

Chapter 2　克服完美主义，才能更好地接受自己的脆弱

转化心理，适度降低自己的期望值

完美主义者往往对目标的实现都有过高的期望，高目标和能力相差甚远，成功的概率会很低，心理上很容易受到打击。因此，完美主义者要懂得转化心理，适度地降低自己的期望值。

在心理学领域，有一个针对完美主义者目标期望值的投掷球实验。在这个实验中，实验者把投掷距离划分成三个档次——近距离、中等距离和远距离，并规定投球者投得越远，得分就越高。实验结果显示：非完美主义者大多会选择中等距离投球，而完美主义者大多会选择远距离投球。

这说明，非完美主义者会给自己设立一个适度的目标，而完美主义者对自己的期望过高，也总是很相信自己的能力，常会选择高目标。但是他们并没有意识到，选择远距离投掷球，失败的概率会非常高。

期望越高，潜在的失望也就越大。这就使完美主义者很容易产生心理上的挫败感，使得他们的自尊心很受打击，从而陷入低落情

绪，对自己产生怀疑。心理学家巴里·施瓦茨在他的著作《选择的悖论》中指出："我们在控制自己的期望上多下功夫，要比做任何其他事情更能影响我们生活的品质。"

周萌智力水平一般，但因为学习很用功，所以一直是老师和同学眼中的"三好学生"。高考时，周萌考上了某所大学的物理系。物理系本来就是学校里录取分数比较高的几个院系之一，所以能考进去的人都是佼佼者，很多同学的智力和思维能力都在周萌之上。

进入大学后，周萌给自己制订了一份严格的学习计划，甚至连期末的考试名次也严格规定了一个目标。对于考试，周萌抱着必胜的决心。事实上，她的各门功课都取得了不错的成绩，也顺利拿到了奖学金。但是，随着下学期高等数学的加入，她渐渐地跟不上了，学习起来很吃力，而且各科成绩排名都大幅下滑。

周萌把这一切归咎于自己不够努力。因此，新学期一开始，她经常熬夜学习。结果，一段时间过后，她因为脑力透支严重，开始失眠。没过多久，她渐渐有了抑郁的感觉，每天脑子里充斥着自责和失败的想法。

周萌在极端心理的操控下，产生了"只要勤奋就可以得高分"这样的心态。结局是，一旦没有得到自己想要的结果，内心就会充斥满满的失败感和自责感。当然，我们并不否认勤奋在学习方面的重要性和不可代替性。可是周萌在学习上缺少灵活性，她没有根据自己的实际情况适当地调整自己的期望和目标。

虽然制定高目标的意向是好的，但也应顺应时势，根据自己的能力制定适合的目标。因此，完美主义者要学会转化心理，适度降低自己的期望值，事情才会向着积极的方向发展。当然，降低自己的期望也不是说没有任何底线。要知道，如果没有期望，便会丧失努力的动力。

> **小知识**
>
> 研究表明，期望值与幸福感成反比。期望值越高，幸福感越低。伦敦大学的罗布·拉特利奇博士曾说："降低你的期望值，你会感到更加快乐。低期望值使你更容易满足并且对你的幸福感有着十分积极的意义。"幸福是一种感觉，期望值影响着幸福感，而幸福感又决定人们的精神状态与心智模式。

别在无关紧要的小事上太较真

完美主义者所指的"完美"是精确的、毫无偏差的。他们对完美的追求并不局限于目标结果的实现,而是充斥在追求完美的每一个细节中。因此,他们对于那些无关紧要的小事总是很认真。

许多人都有过这样的经历和想法:"为什么今天××见到我没打招呼?难道我什么地方得罪他了?""为什么今天那个售票员的态度竟如此粗暴?我哪里招惹他了?"这些经历使得他们的心情很低落。其实,这主要是因为他们对自己的生活太过较真。或许××正在专心思考一个问题,压根就没有看到你,而那个售票员可能天生就是一副大嗓门。

因此,把那些与自己没多大关系的小事和自己联系起来,就是一种自寻烦恼的行为。

从前,有一位老禅师发现他的徒弟非常勤奋,化缘、洗菜、做饭……从早到晚忙个不停。

Chapter 2　克服完美主义，才能更好地接受自己的脆弱

这个徒弟内心很挣扎，终于，他忍不住来找老禅师。

他对老禅师说："师父，我太累了，可也没见什么成就，是什么原因呀？"

老禅师沉思了一会儿，说："你把平常化缘的碗拿过来。"于是，徒弟把碗取来了，老禅师接着说："把它放在这里，你再去拿几个核桃过来装满。"徒弟不知道师父的用意，将几个核桃放到了碗里，整个碗就都装满了。

老禅师问徒弟："你还能往碗里放更多的核桃吗？"

"这碗已经满了，再放核桃进去就该滚下来了。"

"碗已经满了吗？你再拿些大米过来。"

徒弟又拿来了一些大米，他把大米倒进碗里，竟然又倒了很多进去，直到倒满才停了下来。他突然间好像有所悟："哦，原来碗刚才没有满。"

"那现在满了吗？"

"现在满了。"

"你再去取些水来。"

徒弟又去取来一瓢水往碗里倒，在小半瓢水倒进去之后，这次连缝隙都被填满了。

老禅师问小徒弟："这次装满了吗？"小徒弟看着碗满了，却不敢回答，他不知道是不是还能放进去东西。

老禅师笑着说："你再去取一勺盐过来。"老禅师又把盐化在水里，水一点都没溢出去。徒弟似有所悟。老禅师问他："现在你明白了吗？"

徒弟说:"师父,这说明时间挤挤总是会有的。"老禅师摇了摇头,笑着说:"这不是我想要告诉你的。"

老禅师缓缓地操作,边倒边说:"刚才我们先放的是核桃,现在我们倒着来,看看会怎么样。"老禅师先放了一勺盐,再往碗里倒水,倒满之后,当再往碗里放大米的时候,水已经开始往外溢了。而当碗里装满了大米的时候,老禅师问徒弟:"现在碗里还能放得下核桃吗?"徒弟摇摇头。

"如果你的人生是一只碗,当碗中全都是这些大米般细小的事情时,你的那些大核桃又怎么能放得进去呢?"这次徒弟终于明白了。

这个寓言故事告诉我们,不要在小事上耗费自己太多的精力。在小事上太较真,从某种程度上说是一种幼稚、缺乏远见的行为,特别是那些遭遇过某种人生变故的人,对这点有着更为深刻的理解。

当然,我们强调的是别在无关紧要的小事上太较真,而不是不能在所有的小事上认真。

> **小知识**
>
> 认清完美主义与最优主义之间的差别对我们而言十分重要。最优主义指的是在设定较高的目标并为之努力的过程中,能够以积极的态度完成任务,实现目标后,自己会获得一种成就感和满足感,而不是消极情绪。

Chapter 2　克服完美主义，才能更好地接受自己的脆弱

严格把握界限，谨防极端的自尊

<u>自尊就是一个人基于自我评价而形成的一种自重、自爱、自我尊重，并要求受到他人、集体和社会尊重的情感体验。自尊过低或过高都易导致一些不健康心理的出现。</u>

自尊在本质上属于自我知觉系统中的自我调节部分，它是个体面对自身在正面或负面思维上的态度。人们在社会中拥有许多不同的角色，并会对这些不同的角色进行相应的自我评价。对自我的不同角色进行评价的总和，便形成了一个人的自尊水平。

通常，自尊有强弱之分。一个人自尊心过强，可能会转化为虚荣心；自尊心过弱，又可能产生自卑感。这两种极端的状态都会对个体的发展造成不利的影响。当然，自尊水平的高低也不是一直不变的，它会通过情绪暗示和环境影响进行自我调节。

研究表明，完美主义者的自尊水平普遍处于偏高的状态。他们对完美的不懈追求，让他们比普通人更加看重成就、优势、能力等方面的因素，甚至会将名誉、他人的认可度等因素作为评价自我价值感的唯一标准。因此，他们会在工作和生活中非常努力，务必让

自己超过所有人，确保自己不失败。由于这些人通过他人的眼光来衡量自己，而对自己究竟是什么样子并不十分清楚，这种情况导致的结果可能就是对名利的极端追求。

这些极端自尊者具体表现在以下几个方面。

1. 追求目标单一

他们追求的目标就是成功。为了获得成功，他们会不惜一切代价，哪怕是失去自己的爱好。基于此，他们的精神世界会越来越贫乏。他们可能会一味地钻研业务、讨好领导，从而对生活中的亲情、友情与爱情等提不起任何兴趣。

2. 心理稳定性极差

完美主义者中自尊心越强的人，心理的稳定性越差。当高自尊的心理受到挑战时，人们会变得易怒和具有强烈的敌对心理，而且这种心理很难被控制。通常，他们会采取回击的方式作为对挑战的回应，更有甚者，会将这种回击变成报复。

3. 害怕失败

当一个人将追求成功作为唯一的目标时，他就会非常害怕失败。并且，一个人越渴望成功，就越害怕失败。由此可见，极端高自尊者在成功和失败时心理波动很大：如果成功了，他们会异常欢喜；如果失败了，他们会极度难过。

如果你是一个完美主义者，一定要严格把握界限，不过分追求成功或名利，也不盲目贬低自身的价值。而是要以适度、真实的自尊来面对自己和他人，这样才能让自尊发挥正面作用，成为个体行为的不竭动力。

Chapter 2　克服完美主义，才能更好地接受自己的脆弱

> **小知识**
>
> 　　自信和自我肯定是自尊的内核，它们反映了自尊的最基本要素。真正的高自尊是一种动态平衡的自尊。也就是说，自尊需要（或维护良好自我形象的需要）与自我现状（或当前的自我形象）之间呈现出一种动态的平衡：（1）高自尊的人对自我现状往往是满意的，他们对自己的存在能力和存在价值充满自信，即使这种能力和价值并不比别人高；（2）虽然高自尊的人对自我现状很满意，但他们并不是停滞不前的。

延伸阅读——完美主义容易引发消极行为

完美主义不仅会导致抑郁、焦虑和进食障碍,还会引发一些消极行为,比如逃避行为、拖延行为以及行为检测。

1. 逃避行为

有一个心理学名词叫"鸵鸟心态",是指人们在面对压力时,不敢正面面对问题,而采取消极逃避行为的一种心理状态。逃避行为是为了减轻或逃避对某种特定情况的焦虑感所采取的一种行为。完美主义者选择逃避行为有两个原因。

(1)害怕失败

这通常建立在对某种情况进行负向预测的基础上,负向预测都是最坏的结果,常会让人感到很有压力。有些完美主义者由于害怕预测的结果变成事实,宁愿选择逃避也不愿面对可能出现的失败。尽管这样做是为了逃避失败,但实际上这种行为会起到反作用,因为逃避会让当事人在现实中一事无成。

- "我将在考试中挂科"——不去参加考试
- "我没资格登上领奖台"——不去参加比赛
- "我将永远得不到晋升"——不去和老板讨论自己的职业前景

Chapter 2　克服完美主义，才能更好地接受自己的脆弱

- "我会长胖"——不去称自己的体重

（2）任务太艰巨

逃避行为的另一个原因是任务太过艰巨，因为完美主义者的标准太高，一丝不苟的要求以及"非黑即白"的思维让人十分反感。如果整理房间意味着你必须使用吸尘器清扫床和沙发，清理厨房和客厅的橱柜，那么相比之下，对乱作一团的屋子不闻不问可能会更轻松。因为清扫的任务对他们来说太艰巨，以至于他们最终选择放弃打扫。

2. 拖延行为

拖延症在完美主义者身上是很常见的。一些完美主义者总想着把工作做得十全十美，因此他们宁愿把工作往后推，也不愿在完成工作的过程中出现瑕疵。拖延症往往会让手头的工作堆积如山，当准备进行处理时，却发现工作量已经太大了。

卢克对居家环境有着极端完美的要求。他认为家里的一切东西必须摆放得整整齐齐，每个房间必须干干净净、一尘不染。但是，在清扫时卢克总会选择拖延，原因是他不知道从哪里下手。于是，他经常从这个房间走到另一个房间，盯着那些脏乱的角落，并认为房间的每一处都必须井然有序。

当卢克花费时间去打扫每个角落时，他会觉得无法完成心中的清洁任务，因此他总是把这项艰巨任务往后推。慢慢地，房间变得越来越脏乱，这让卢克倍感压力，然后接着拖延。

从上面的案例中我们可以看出，拖延症对于完成任务起到了相反的作用。越是往后拖延，就越不能达到自己的标准。

3. 行为检测

一些完美主义者会反复检查自己的表现，我们称之为"行为检测"。比如在工作方面，他们会在下班后和其他同事比较工作效率；在运动方面，他们会反复比较自己与其他运动员完成比赛的时间；在学习方面，他们会反复询问老师自己的成绩是否合格；在待客方面，他们会反复询问客人饭菜是否可口。

但检测行为几乎不会让他们对自己的表现感到满意，相反会让他们觉得自己的表现不如别人好。这会让他们的完美主义倾向更严重。

Chapter 3

化解焦虑，
给脆弱的内心复原的时机

　　每个人应对焦虑时都有自己的固定模式，有的人对焦虑反应过度，有的人则表现得反应不足。对焦虑反应过度的人倾向于迅速给别人提建议、伸出援手、插手别人的事情而不会自我反省；对焦虑反应不足的人往往在压力之下束手无策，希望别人来接手问题，他们会被贴上"不负责任""脆弱一族"的标签。

　　我们应该学会在各种情境中保持淡定和平和，让焦虑远离生活，让内心获得平静，给脆弱的内心复原的时机。

心理测试：你焦虑了吗？

适度的焦虑对我们自身的发展有益，能够帮助我们客观认识自己的处境；过度焦虑则会影响我们的生活和工作。

比如，在工作中，你担忧自己工作成果的优劣，总是考虑别人对自己工作的评价，反而使自己无法认真投入进去；在工作中遇到困难时，思路阻塞导致你开始考虑做不好工作可能会给自己带来的各种麻烦，从而使自己陷入自责、愤懑的情绪中无法自拔；在生活中，过度焦虑会让人突然失去自我，陷入极度恐慌之中，严重影响正常生活。

想知道你的焦虑程度吗？那就来测一测吧！请你根据一周来的实际感觉完成下面的焦虑自评量表。在相应的选项下面打"√"。

表3-1　焦虑自评量表

序号	题目	没有或很少时间有	小部分时间有	相当多时间有	绝大部分或全部时间都有	计分
1	我觉得比平时容易紧张和着急					

(续表)

序号	题目	没有或很少时间有	小部分时间有	相当多时间有	绝大部分或全部时间都有	计分
2	我无缘无故地感到害怕					
3	我容易感到烦乱或觉得惊恐					
4	我觉得我可能将要发疯					
5	我觉得一切都很好，也不会发生什么不幸					
6	我手脚发抖打战					
7	我因为头痛、颈痛或背痛而烦恼					
8	我感觉容易衰弱和疲乏					
9	我觉得心平气和，并且容易安静坐着					
10	我觉得心跳很快					
11	我因为一阵阵头晕而苦恼					
12	我晕倒过或有要晕倒的感觉					
13	我呼气、吸气都感到很容易					
14	我手脚麻木和刺痛					
15	我因为胃痛和消化不良而苦恼					

（续表）

序号	题目	没有或很少时间有	小部分时间有	相当多时间有	绝大部分或全部时间都有	计分
16	我常常小便					
17	我的手常常是干燥温暖的					
18	我脸红发热					
19	我容易入睡，并且一整夜都睡得很好					
20	我做噩梦					
总分统计						

计分方法

本测试的题目分为正向计分题和反向计分题两种。反向计分题为5、9、13、17、19，其余为正向计分题。

计分标准参考下表：

表3-2 评分标准

题目	没有或很少时间有	小部分时间有	相当多时间有	绝大部分或全部时间都有
正向计分题	1	2	3	4
反向计分题	4	3	2	1

将20道测试题的得分相加，再乘以1.25后取整数部分即得到标准分。

结果分析

标准分的分界值为50分，得分越高，说明焦虑倾向越明显。

得分为50~59分，为轻度焦虑；得分为60~69分，为中度焦虑；得分为70分及以上，为重度焦虑。

注意事项：

（1）本表可用于反映测试者焦虑的主观感受，但由于焦虑是神经症的共同症状，因此在区别各类神经症上作用不大。

（2）关于焦虑症状的临床分级，此测试分值只能作为一项参考指标，不能作为绝对标准。

心理学家对焦虑的诠释

在焦虑这个问题上,很多心理学家都进行了大量的研究工作,并在研究实践中不断深化、推进自己的理论,为焦虑理论的发展提供了很多有价值的观点与资料,做出了巨大的贡献。

下面主要介绍西格蒙德·弗洛伊德、罗洛·梅、索伦·克尔凯郭尔、奥托·兰克、阿尔弗雷德·阿德勒等人对焦虑的认识,以便我们进一步了解焦虑的内涵。

1. 弗洛伊德的焦虑进化论

弗洛伊德是奥地利精神病医师、心理学家、精神分析学派创始人,他被认为是对焦虑理论的建构做出最大贡献的人。其理论有:

(1)第一焦虑理论

在《精神分析导论》一书中,弗洛伊德写道:"力比多的刺激消失了,焦虑取而代之,不论是预期的焦虑形式、攻击还是相当于焦虑的情绪状态。"(力比多泛指一切身体器官的快感。弗洛伊德认为,力比多是一种本能,是一种力量,是人的心理现象发生的驱动力。）

由此可见，在第一焦虑理论中，弗洛伊德对焦虑的认知倾向于纯生物学的方面。他想要表达的是，当力比多被压抑的时候，它就会转化成焦虑，而且会以形式不定的焦虑或者类似焦虑的病症重新出现。

（2）第二焦虑理论

在长期的临床观察与推理中，弗洛伊德发现自己的第一焦虑理论有许多不合理之处。于是，他推翻了自己的第一焦虑理论，得出了新的理论：焦虑并不是因为抑制而产生的，而是早就与抑制一同出现了。弗洛伊德认为，人之所以产生焦虑，是因为自我的存在，当自我察觉到危险时，便会产生压抑感，以免自己变得焦虑。

（3）第三焦虑理论

在第二焦虑理论形成之后的研究过程中，弗洛伊德逐渐形成了一种与"有机组织体"近似的观点。可是由于他受到各种不同理论的综合影响，以至于无法给出一个确切的定义，这就使得第三焦虑理论并没有形成合理的结论。

2. 罗洛·梅的焦虑根源说

罗洛·梅被称作"美国存在心理学之父"，也是人本主义心理学的杰出代表。在罗洛·梅看来，焦虑是某种价值受到威胁而引发的不安，而这个价值则被个人视为他存在的根本。此处所提到的威胁，既包括死亡的生命威胁和失去自由与意义的心理存在的威胁，也包括个人认定的其他存在价值的丧失，如爱国主义、对他人的爱、自我的成功等。

3. 克尔凯郭尔的自我焦虑说

克尔凯郭尔是丹麦哲学家、诗人，现代存在主义哲学的创始人，现代人本主义心理学的先驱。他认为存在即焦虑。他的存在主义有两大关键点：一是存在先于本质，即人们可以利用自己命定的存在去创造自己的本质，做自己想做的事，成为自己想成为的人；二是存在可以分为三个等级，即感性存在、理性存在和宗教性存在。

4. 奥托·兰克的分离焦虑说

奥托·兰克是奥地利心理学家，精神分析学派最早和最有影响的信徒之一。他认为，人的一生充满了无止境的分离，而每一次分离都能让个人拥有更大的自主性，如孩子出生、断奶、上学，人们告别单身、结婚以及死亡等，正是这些分离经验使人们产生了焦虑。而且，在追求自主性的过程中，个人的生活环境被破坏或是拒绝与当前的安全环境分离，人们也会产生焦虑。

5. 阿德勒的焦虑和自卑感理论

阿德勒是奥地利精神病学家，人本主义心理学先驱，个体心理学的创始人。他是弗洛伊德的学生，也是精神分析学派内部第一个反对弗洛伊德的心理学体系的心理学家。

阿德勒的思想本身不具备很强的系统性，他对焦虑也没有提出一套十分系统的理论。但是，他关于焦虑问题的一些论述，其实已经包含在他那十分重要而丰富的自卑感理论中。他认为，每个人天生都有一种生理的自卑和不安全感。这是因为，在弱肉强食的世界中，人类的综合实力并不占据优势。在阿德勒看来，人类之所以发展艺术、文化等，是为了减少自己的自卑感。

> **小知识**
>
> 适度的紧张和焦虑，可以对神经内分泌功能起到调动作用，使其调动自己生理、心理的积极因素，更好地应对紧急情况，发挥出自己的水平。但一旦焦虑过度，对能力的发挥又会产生阻碍作用。

对付广泛性焦虑,要转变思考与行为方式

每个人都会时不时地感到焦虑,这是一件再正常不过的事情。但如果你对自己的健康、财务、家庭、工作、未来等产生过度且无法控制的焦虑,你就可能有广泛性焦虑障碍。

广泛性焦虑,顾名思义,就是焦虑的表现是泛化的,不存在特定的压力源,不关乎眼前的具体事物,而只关乎你感知现实的方式。即你觉得生活中处处都充满危机,觉得未来会充满悲观和绝望,那么你就会不断地受到广泛性焦虑的影响。

心理学上,把广泛性焦虑定义为一种以持续的、无明确对象的紧张不安,并伴有自主神经功能兴奋和过分警觉为特征的慢性焦虑障碍。比如,有广泛性焦虑的人经常会这样想:

- "如果X发生了怎么办?"(我可能会这样做……)
- "如果Y发生了又怎么办呢?"(那我可能该这样做……)

这种持续的广泛性焦虑会给你带来一系列的躯体问题:容易疲劳;肌肉紧张;入睡困难,从而使睡眠周期变得紊乱,导致更加疲

惫不堪；烦躁不安；对烟酒的抵抗力下降，因为它们多少能带来一定程度的解脱，尽管时间短暂。

2013年加拿大心理学会对焦虑症的有效治疗方法进行了梳理，由英国国家卫生保健优化研究所评选出了一些影响力巨大的研究成果或方法，其中认知行为疗法被列为广泛性焦虑的治疗首选。在所有的情境中，我们都会产生某种想法、感受及行为，这三个部分相互影响、相互作用。

因此，我们可以通过改变自己的思考和行为方式来改善那些消极感受。具体方法如下。

1. 下定决心寻求改变

对有广泛性焦虑的人来说，虽然焦虑会影响自己的生活，让自己失眠和不安，但是他们仍认为焦虑有积极的一面，比如可以帮助自己发现没有发现的问题，从而提前找到解决办法。因而，这些人在克服广泛性焦虑时很难下定决心。在这种犹豫不决的心理状态下，人们很容易被焦虑驱使，难以克服广泛性焦虑。因此，下定决心寻求改变是克服广泛性焦虑症的关键一步。

2. 挑战焦虑思想

有广泛性焦虑的人脑中会有各种各样不切实际的想法，为各种各样的事情担心。要克服广泛性焦虑症，就要挑战自己的焦虑思想，对自己脑中的想法提出疑问。比如，可以自问：

- 我在担心什么？（这件事是不是100%会发生？）
- 我为什么如此担心？（我不担心的理由有哪些？）
- 我能做些什么让自己不这么焦虑？

相信通过思考这些问题，广泛性焦虑者会表现得理性一些。

3．接受不确定性

对我们来说，生活中的很多事情都是不确定的，这是生活的正常面貌。但是对广泛性焦虑者来说，这些不确定性正是他们焦虑的开始。关键在于，他们要学会接受那些不确定性，接受它们成为生活的一部分。

4．及时释放和清空

有广泛性焦虑的人需要通过表达释放内心长期压抑的痛苦、悲伤或愤怒等情绪。正是这些不良情绪诱发了焦虑和带有防护性质的忧虑。

在人际关系中，你和对方之间没有被解决的问题会阻断你们之间的快乐联结，从而带来不必要的焦虑。这需要你想办法及时解决陈年旧账，就像你从地上清走碍眼的东西一样，来降低焦虑的可能性。

5．进行身体放松

焦虑总是伴随着紧张。这种紧张不仅表现在思想上，也存在于身体上：当大脑觉察到危险时，身体就会进入战斗或逃跑状态。当不存在危险的时候，身体也就没必要保持紧张。事实上，在危机与危机之间，身体最需要的就是放松。因此，要学会让身体保持放松，这对缓解广泛性焦虑心理很有用。

Chapter 3 化解焦虑，给脆弱的内心复原的时机

> **小知识**
>
> 广泛性焦虑的形成主要受两个因素的影响。
>
> （1）遗传因素。研究表明，广泛性焦虑具有一定的遗传倾向。虽然这种焦虑会遗传，但这并不代表人们会长期焦虑下去。通过适当的调整，广泛性焦虑极有可能会不再影响你的生活。
>
> （2）家庭环境。广泛性焦虑会受到家庭环境的影响，在家庭成员缺失或是遭遇重大财务危机的家庭中，人们患上广泛性焦虑的可能性会增加。

采用暴露与反应阻断，能够缓解强迫症

<u>强迫症是焦虑的一种类型。有强迫症的人通常会有一点呆板、一点戒备外加一点不受控制。强迫症会令人十分困扰，但它并不是你的敌人。正确看待强迫症，你的纠结与困扰也会减轻许多。</u>

说到强迫症，很多人对它都不陌生，在生活中，或许你也有着某种强迫行为或强迫倾向。轻度的强迫症并不会对你的生活造成太大的影响，只会偶尔打扰到你，令人有些厌烦；严重的强迫症则会给你带来巨大的焦虑与痛苦，影响人际交往，甚至影响日常的生活和工作。

心理学上将强迫症定义为"强迫性思维"，是指一个人在遇到不想见到、令人感到不愉快的事物时，大脑中反复出现并想竭力摆脱干扰的想法或者画面。而强迫症者试图摆脱这种想法时所做出的行为就被称为"强迫性行为"，比如强迫检查、强迫清洗等。

有一个心理学名词叫作"自我拒斥"，是指无法达到自我的和谐、统一。强迫性思维就是典型的自我拒斥，它们毫无意义，违背

Chapter 3　化解焦虑，给脆弱的内心复原的时机

个人意愿，得不到自我的接纳和认可。典型的强迫性思维有：

- "我锁门了吗？"（此前已经确认过多次了）
- "我不能坐在座位上，不然就会弄脏座位，把病菌传给家人和宠物。"
- "我刚才是不是把找回的零钱丢掉了？"
- "我刚才碰到我的眼睛了吗？我的眼睛还好吗？"

总之，所有这些都是强迫症者无法控制的，违背其自身意志，让其非常担心和害怕而又带来巨大的能量耗损。

南佛罗里达州立大学精神病学和行为神经科学系的乔舒亚·M. 纳多博士和埃里克·A. 斯托奇博士曾说："强迫症虽然具有很大的破坏性，但其治疗效果还是相当不错的。最有效的治疗方法当属认知行为疗法中的暴露与反应阻断疗法了。它让个体逐渐地、系统地面对自己的问题，丢弃原有的强迫行为仪式，差不多有85%的人受益于这种疗法。"

暴露与反应阻断疗法最初是由英国心理学家维克多·迈耶提出的。它是将有强迫症的人暴露在其最担心的事物面前，但不允许其做出回避或逃跑反应。根据行为心理学家的研究，如果你在相当长的一段时期内都暴露在最为恐惧、焦虑的刺激面前，你就会习惯它的存在，恐惧、焦虑反应慢慢也就自然消失了。

罗浩有过度洁癖行为，为了改善他的这种强迫性行为，采用的具体练习方法是：先让他想象自己拿着一沓脏兮兮的钱；然后直接进入暴露体验，让罗浩手拿一沓真实的钱，长达30分钟，甚至用钱摩擦他的胳膊和脸；在接下来的阶段，让他练习用手揉搓地毯；接

着,升高等级,让他试着把手伸进垃圾筐里,翻捡里面的垃圾,并且坚持在4个小时内不洗手。经过多次练习,罗浩的焦虑水平逐渐降低了,强迫性行为也变得不那么强烈了。

采用暴露与反应阻断疗法时,暴露练习的机会无处不在。虽然这些暴露可以被设计、被安排,但是相比于做好充分准备再开始,在没有准备好的时候就进入某些情境显然更符合现实。最后,记住一点:要缓解强迫症,关键在于一点一点地瓦解它,而不是试图一次性彻底攻克它。

> **小知识**
>
> 强迫症者的大脑尾状核似乎比常人的要活跃。正常情况下,尾状核会帮助个人对知觉到的信息进行常规检测,以防出错,但是一旦它的活性过高,它就会不断进行检查。因此,从根本上说,正是尾状核的过度活跃引发了大脑中的强迫性思维,进而导致了强迫性行为的出现。

以积极的心态面对惊恐发作

<u>惊恐发作是焦虑的一种表现形式，是突如其来的急性焦虑障碍</u>。在惊恐发作时，很多人可能会出现各种不良的身体反应，如心跳加快、呼吸急促、胸闷气短、身体颤抖等，甚至还会产生发疯感与窒息感。

惊恐发作指的是一个人对自己感觉的一种恐惧。它是十分突然的，而且发作没有一定的规律，往往会让人措手不及。虽然发作持续的时间较短，但是这种强烈的身心感觉会给人留下深刻的印象，更有甚者会因为一次的惊恐发作而变得郁郁寡欢，回避集体性活动，封闭自己。

这里，要认清一点：惊恐发作不是惊恐自己发作，不是说你正在黑夜里走路，突然就被强烈的惊恐击中了，而是你有所担心，有所失控而引发的。总之，你是被自己的脆弱吓坏了，由此引发了强烈的应激反应。

具体来说，惊恐主要源于两个方面。

反脆弱心理学

1. 失控感

当遇到一些事情时，我们会产生强烈的失控感与无能为力感。如果你无法调整好自己的感觉，就很可能被吓坏，惊恐就会向你袭来，从而导致惊恐发作。

2. 担心

担心会引发惊恐。当遇到一些情况时，惊恐者会习惯性地对其进行错误的解读，过度担忧这些情况引起的不良后果。比如，由于运动量过大而引起呼吸不畅，他会觉得自己将要窒息或者马上就要死亡了，需要赶快求救等。

另外，如果你近期曾在某些方面遭受重大损失或威胁，比如人际关系紧张、疾病、压力增大、宿醉、停止服药、疲惫等，惊恐发作的可能性也会大为增加。

惊恐源于自己内心的失控与担心，是自己造就的，这也就表明，我们自己是引发惊恐的那个人，也是可以终结惊恐的那个人。要战胜惊恐，克服惊恐发作，可以尝试以下几种积极的方法。

1. 正视反应，不要逃避

在惊恐的初期反应面前屈服或试图逃离，就等于告诉自己你不能应对这种情形。而通常这只会产生更多的惊恐。在一些案例中，一旦惊恐者意识到它没那么可怕，无须对它俯首称臣，他从此就再也没有经历过新的惊恐发作。因此，你越不怕它，它的威力就越小。

2. 鼓起勇气

勇敢面对每一个你曾害怕的东西，直到在你的脑子里它们与惊恐反应之间的联结消失殆尽。当然，鼓起勇气面对惊恐，并不代表要压制惊恐的感觉，而是要以轻松、平和的心态来应对。因此，不与惊恐较劲，不与惊恐硬碰硬，采取积极的应对措施，才是应对惊恐的正确方式。

3. 主动出击

主动出击，这是很重要的一个方法。不要等着惊恐远离你，而是要主动寻找帮助，摆脱惊恐。

4. 学会专注

专注的力量不可小觑。当你对所做的事情保持足够的专注度时，你就无暇顾及自己心中的恐惧、担忧，惊恐也就无法影响你。因此，你可以在惊恐发作时试着集中自己的注意力，将自己的精力投入所做的事情中，而不是担心这件事做成与否，会引起什么样的后果，等等。

5. 冥想

美国威斯康星大学医学院的理查德·戴维森博士发现，冥想可以减少杏仁核的代谢活动。当杏仁核过度活跃时，人就可能产生焦虑情绪。最新研究表明，进行11个小时的冥想练习可以形成自我调节能力。

冥想是从简单的行为开始的：静坐，专注于自己的呼吸或行走，留意身体的动作。另一种冥想方式是行走禅修，即缓慢行走，放空大脑，将注意力放在身体的行动上。

采用以上方法来应对惊恐发作并不能保证一定可以起到作用，但是在某些程度上，可以让惊恐发作者以正面积极的心态去面对惊恐，以正常的思维去分析事情，而不是过度关注事情消极的一面。

> **小知识**
>
> 惊恐发作与恐惧症是有区别的。一，恐惧症是由特定的事物或情景引起的；惊恐发作并不是由具体的事物或情景引起的，而是无缘无故地发生的。二，恐惧症是有条件的，只有在面临害怕的事物或情景时才会发生，并不具有自发性质；惊恐发作与事物或情景无关，不可预测。

治愈五步走，带你告别创伤性应激障碍

<u>在经历重大创伤后，人们的心理会受到巨大的影响，如果没有及时疏导、解决这些问题，很可能会一生受其影响，陷入折磨之中，给自己的生活带来难以估计的影响。</u>

创伤性应激障碍，是一种受到伤害或生命威胁后引发的焦虑症。伴随这种症状的典型情绪是强烈的恐惧、憎恶、反感、震惊以及无助。创伤性事件可能是一场火灾、龙卷风、地震、车祸等。

研究发现，在普通大众中，有40%～60%的人经历过创伤，但只有8%的人会患上创伤性应激障碍。因为影响创伤性应激障碍发生的因素有许多，如基因遗传、先前的创伤体验、问题应对能力、个人的支持网络、对焦虑的敏感度等。

受伤者需要一位对创伤本身以及如何治疗心理创伤有相当了解和丰富经验的心理咨询师。

创伤的恢复需要一个过程，其中第一步是与治疗师建立良好的关系。只有当受伤者感到足够安全，他才会走进治疗室。接下来，

按照下面五个步骤进行，可以让受伤者告别创伤性应激障碍。

1. 回忆

回忆是指恢复创伤事件的原貌，接受当时所发生的一切客观事实和细节。即使那些细节里可能包含着很多让当事人感到恐惧、震惊、难过、受伤的信息，也要不回避、不掩饰地呈现出来。

2. 感受

当事人要拿出勇气，允许自己承认当时的巨大恐惧与伤害，允许自己去充分体验内心的真实感受。因为只有当事人用心去感受，它们才有可能被充分地表达。

因此，作为治疗师，应该提防那些机械地讲述自己的遭遇、眼神呆滞、缺乏感情色彩的受伤者，因为治愈回避感受的受伤者几乎是不太可能的。

3. 表达

所有的情感都必须被表达，只有感受是不行的。当然，表达不应局限在自己，如写日记、自言自语等方式是远远不够的。受伤者还需要与他人交流，将自己当时的感受、情绪都说出来。

有时候，受伤者需要一些提示才能继续表达，治疗师要给对方一些提示或鼓励，让他们将自己的感受完整地表达出来。

4. 释放

充分释放意味着放下。比如，为所爱的人的逝去而痛苦会缓解当下的悲痛，但是面对这种失去，要想实现真正的内心平静，受伤者必须放下自己所爱的人，必须接受所爱的人已经逝去，日子无论如何都要继续过下去的事实。

5. 换个方式去思考

换个方式去思考，即要进行认知重构，它应贯穿受伤者生活的方方面面。受伤者的思维方式大多是负面、消极的，很容易将创伤性事件进行错误归因，认为这些事情都是自己的错，自己无力改变，什么都做不到。

而认知重构可以帮助受伤者重塑积极、正面的想法，将之前的"我什么都做不到"变成"我可以做到，只要努力就能做到"，将"没有人会在乎我"变成"我会得到许多的爱和支持，有很多人都会帮助我"。

最重要的是，要始终坚信：无论如何，希望常在。只要有希望，就一定能治愈。正如美国作家亨利·戴维·梭罗所说："为信仰而生活，你可以扭转世界。"

> **小知识**
>
> 最新研究发现，一旦创伤性记忆暴露在消极体验中，大脑就会释放出皮质醇和去甲肾上腺素这两种化学物质，它们都会起到强化记忆的作用。因此，如果受伤者可以更好地应对这些创伤性事件，在一定程度上就能够降低这两种化学物质的水平，从而阻断创伤性记忆的强化进程。

简单易行的有效化解焦虑的方法

<u>焦虑可以说是许多人的通病，它源自许多方面：工作压力、人际关系、经济问题等。在生活和工作中，每个人或多或少都会有些焦虑。因此，多掌握一些简单易行的有效化解焦虑的方法很有必要。</u>

长期的焦虑会对我们的身心健康造成损害。在日常生活中，我们可以通过一些有效方法来缓解焦虑。通过下面日常的训练方法，我们的身体与心灵都会得到放松，从而有助于驱除焦虑的心绪，让自己不再受焦虑的困扰。

1."紧张—松弛"的放松练习

首先，坐在舒适的椅子上，或是在沙发上躺下来，深呼吸一会儿。然后依照下面的顺序，绷紧每一组肌肉，保持紧张5秒钟后放松。

前臂：握紧拳头，屈臂；放松。

上臂：向身体侧面伸展，绷紧；放松。

小腿：脚尖尽量延展，绷紧；放松。

大腿：双腿并拢，用力挤压；放松。

腹部：绷紧，向脊背收缩；放松。

胸部：吸气入肺，屏住呼吸，计数到10；呼气放松。

肩膀：耸肩向上，贴向耳根；放松。

颈部：头向后仰，保持住；放松。

嘴唇：噘嘴，不要紧咬牙关；放松。

眼睛：眼睛紧闭；放松。

眉部：皱眉；放松。

前额：提升；放松。

定期练习非常重要，每天做两次这样的练习，它会带来改变。练习不要在充满压力的场景下进行；当你养成习惯后，可以运用这些练习来应对压力或令人激动的场景。

2. 深度呼吸

深度呼吸也叫腹式呼吸。下面是具体的操作方法。

第1步，找一个安静、便于练习的地方，在一块平整的地方躺下。在膝盖下面放一个枕头或卷起的毛巾你可能会感觉舒服一些。

第2步，把一只手放在胸前，另一只手置于腹部，以两手均在肋骨与肚脐之间为宜。

第3步，闭上眼睛，用鼻子慢慢吸气，让气体慢慢充满你的腹腔。

第4步，你会注意到放在胸前的那只手几乎不动，而放在腹部的手随着吸气增加而抬高。

第5步，绷紧你的腹部肌肉，同时慢慢地呼气，让气体从嘴巴中呼出。

第6步，此刻放在胸前的那只手几乎不动，而放在腹部的手随着呼气而逐渐降低。

第7步，自然地停顿，然后重复第3～6步。

继续练习，直到你感觉很平静，已慢慢适应了这种呼吸为止。初始练习你可以借用尺子或书来帮你界定手该放的位置，在坚持不懈的练习中你会对效果有所察觉和感受。

留意你的呼吸节奏和连贯性，试着让它变得越来越不费力和平滑自然。

当你感到越来越自如和自信后，你可以从躺姿转换为坐姿。

3. 制订计划

焦虑产生于混乱无序、漫不经心和结构的缺失。因为焦虑是对危险的感知，而混乱恰好释放着危险的信号。经验告诉我们，当我们对生活没有一点控制感的时候，潜在的危险往往是最大的。因此，我们可以制订一个计划并随时准备改变自己的计划，这样可以增强自己对生活的控制感。

4. 自我交谈

你是怎样看的比事实是怎样的对你的神经系统来说影响更大。反复思虑可能会引发更多的焦虑，而往积极的方面去想则会让你减轻焦虑。大声地说出你的积极想法是最好的办法。在心理学上，尤其是认知取向的心理学流派往往认为，当我们挣扎在焦虑情绪中时，应该时常和自己交谈——出声地交谈。

因为当你听到自己用自信、坚定的声音来陈述你的解决方案时，你的内心会更加笃定和沉稳，这往往能帮助你实现你的想法。

5. 感受音乐

音乐有一种神奇的魔力，可以调动人们的情感，使人产生愉悦、悲伤等多种复杂的情绪，也会给人以美的感受。但音乐的作用远不止于此，其对于缓解人们的焦虑状态也会产生积极的作用。因此，当你感到焦虑时，不妨静下心来，选一首适合自己的曲目听一听，或许你会发现，自己的那些负面想法与情绪会随着音乐的播放而远去。

6. 饮食健康

健康的饮食习惯有助于我们控制焦虑情绪，而不规律的饮食则会导致机体的功能失调，从而引发焦虑。因此，控制饮食，养成良好的饮食习惯，是降低人体焦虑水平的有效方式之一。比如，每天的饮食时间要固定；别吃得太快、太饱；饮食要多样，保持营养的均衡；等等。

小知识

散步是一种特殊的缓解焦虑的方式，它是通过均衡左右半脑的血流量来保持两个半脑之间的平衡的。当你感到焦躁不安的时候，负责理性加工的左半脑会呈现紧急关闭状态，而散步会刺激右半脑，让右半脑得以放松，帮助我们处理情绪。一般来说，散步15分钟左右，同时将你的注意力从正在考虑的问题上转移开，这样，你的焦虑便会减少。

延伸阅读——诱发焦虑的几大情境

"焦虑"一词的解释是"感到烦恼和麻烦"。焦虑是一种与恐慌、担忧、不安和紧张密切相关的心理状态。虽然一定程度的焦虑是正常生活的构成部分，但当它出现得过于频繁、剧烈或变得难以掌控时，就变成了心理障碍。它并不直接产生于某个人或某件事。有些事让你倍感压力，但对别人而言未必如此。你的焦虑只与你自己的状态相关。

下面向大家介绍一下诱发焦虑的几大情境。

1. 无能为力感

心理研究者做过这样一个实验，他将被试者分成两组。研究者告诉第一组，当他们待在这个房间工作时，隔壁将会传出对人体极为有害的噪音，如果感到不舒服就按一下墙上的按钮，噪音就会停止。第二组和第一组的实验条件完全相同，除了没告诉他们有按钮这件事情。

实验结果是：第一组被试者不仅一次都没有按那个按钮，而且完全可以正常地工作；第二组被试者就不一样了，他们在工作中出现了很多失误，不断抱怨身体出现了一些异常症状，有的人甚至坚持不下去，选择了回家。

这个实验告诉我们，无能为力感很容易引发人的脆弱感和焦虑感。

2. 变化感

20世纪70年代，托马斯·赫尔姆斯和理查德·瑞赫两位研究者设计了"社会再适应评定量表"，它是包含了许多项目的百分量表。在这个量表中，改变被量化，比如收到一张超速罚单是11分，失去配偶是100分。根据他们的研究，如果一年中所得总分超过300分，那么90%的人将会面临身体出问题的风险。

3. 角色冲突感

角色冲突表现为角色间的冲突和角色内部的冲突两方面：角色间的冲突是指一个人所担任的不同角色之间发生的冲突，表现为沟通障碍层面、利益资源层面、组织结构设置不合理层面；角色内部的冲突主要是角色定位与要求所具有的人的特质之间的冲突。当我们发生以上角色冲突时，就容易感到紧张和焦虑。

4. 杯弓蛇影感

焦虑来自感知到的威胁，而威胁不一定要真实存在才具有杀伤力。对我们的神经系统来说，感知往往比事实的作用更大。

你是否常常怀揣着假想的威胁呢？比如，你常会想："老板对我已完工的项目不置一词，他一定讨厌我，会随时炒我鱿鱼。""怎么会胸闷呢？是不是心脏病发作啊？难道是活不成了？""他居然约会迟到，肯定是心里有什么鬼主意。"这些杯弓蛇影感都很容易引发焦虑。

5. 未完成感

心理学有一个"未完成事件"的概念，指的是由于这些情感在知觉领域里并没有被充分体验，因此就在潜意识中徘徊，而在不知不觉中被带入现实生活里，它具有打破平衡、扰乱宁静的"天然力量"。需要强调的是，心理层面上的未完成事件是一种情结，而不是指日常生活中没有完成的事情。

心理治疗师弗雷德里克·皮尔斯被誉为"格式塔心理治疗学派之父"，他指出，人们需要完成他们的未完成事件以获得心灵的宁静。

6. 濒临崩溃感

有心理健康问题的人几乎无一例外地有一个共性，就是觉得自己目前的生活处在崩溃边缘。也就是说，他面临的境遇、他的亲密关系或他所处其中的冲突已经到了让自己不堪重负的境地。

7. 不安全感

安全感就是渴望稳定、安全的心理需求，属于个人内在的精神需求。安全感是对可能出现的对身体或心理的危险或风险的预感，以及个体在处事时的有力或无力感，主要表现为确定感和可控感。一旦人们感觉不到安全，焦虑就会出现。

Chapter 4

掌控恐惧，
让你的内心变得更有力量

当你面对自己恐惧的事物时，会如何做呢？可能不少人的第一反应就是"逃"。的确，从本质上讲，逃避其实是一种求生本能。无论人或动物，当他们明确地感知到危险逼近时，都会产生逃避的心理。

但是，从长远来看，越是逃避恐惧，内心就越害怕。而只有直面内心的恐惧，掌控它，才能使你的心理承受力更强。

心理测试：测测你的恐惧程度

恐惧是人类的一种本能反应，但是不同的人对恐惧的感受程度是不一样的。你的恐惧程度到底是多少呢？快来测一测吧。

1. 在童年时期，你常对父母有恐惧感吗？

A. 对父母两人或者其中一人有恐惧感

B. 偶尔

C. 你不记得曾害怕父母

2. 你时常有一种对什么事情都无能为力的感觉吗？

A. 当遇到较大的困难时，你觉得自己无能为力

B. 每次遇到麻烦时，你都会觉得自己无能为力

C. 在处理问题时，你几乎从不感到无能为力

3. 你是否担心自己有一天会丢掉工作？

A. 你从未担心过

B. 偶尔担心

C. 你常常害怕失去工作

4. 你常常在意你在其他人心中的形象吗？

A. 偶尔这样

B. 你经常在意别人对你的印象

C. 你丝毫不在意别人对你有何看法

5. 你如何对待具有威慑力的人物？

A. 总是感到害怕与苦恼

B. 不怕任何人

C. 避免和这种人打交道

6. 你对猫、兔等无害的小动物持什么样的态度？

A. 感到恐惧

B. 感到有点恐惧

C. 这些小动物从未使你感到害怕

7. 你担心会失去自己心爱的人吗？

A. 是的，你时常担心

B. 有时候你会担心

C. 你对你们的爱情充满信心

8. 你对自己的身体状况有什么看法？

A. 你总觉得自己会患重病

B. 偶尔觉得身体有问题，会为自己担心

C. 你从不担心自己的健康

9. 你在做重大决定时的心态是什么样的？

A. 从不担心出错

B. 有时会感到一丝不安

C. 做任何决定，都令你内心十分痛苦

10. 你如何看待责任感?

A. 你做任何事情都不想承担责任

B. 如果需要你负责任，你一定会负起责任来

C. 你会主动地负起责任

计分方法

题号	选项		
	A	B	C
1	1	2	3
2	2	1	3
3	3	2	1
4	2	1	3
5	1	3	2
6	1	2	3
7	1	2	3
8	1	2	3
9	3	2	1
10	1	2	3

结果分析

10~14分：说明你的恐惧程度很高。或许之前你经历过失败，从而产生了一定程度的自卑感，因此你做事总是怕失败，以致产生

了一种高度的恐惧感。

你可以先分析一下产生某种恐惧的主要原因，如果是因某事引起的，你就回想一遍事情的经过，要从头到尾仔细回想，然后再回想一遍，接着，第三遍，第四遍……由于你不断将自己置身于令你恐惧的环境中，逐渐地熟悉环境后就不会再感到恐惧了。如果这种方法还是不行，你可以去咨询心理医生。

15～24分：你偶尔会有恐惧感，但是，不会像上面的那类情况那么严重。虽然它不会对你的生活造成很大的麻烦，但为了避免朝着严重的恐惧程度发展，你应及时调整自己的心理状态，多进行自我治疗，才能更好地面对恐惧。

25～30分：你对大多事情或事物无所畏惧。你的心理很健康，你也很自信、豁达，无论是对生活、工作还是爱情，你都满怀信心，一往无前。

勇敢地面对，克服社交恐惧

社交恐惧是指人们对社交场合或公开场合感到强烈的恐惧或忧虑，过分担心自己会做出一些不好的行为而令自己尴尬。

一般人虽然当众讲话会紧张和不自在，但适应后就能很快克服。而社交恐惧症患者只要在公众场合说话，就会担心被别人注视，害怕当众出丑，严重的会出现面红耳赤、出汗、心跳加快、震颤、呕吐、眩晕等异常反应。同时，社交恐惧症患者还会想方设法逃避、脱离现场、人群，以求减轻心理不安。

黑板上老师列出了几道数学题让同学们演算，安静的教室中只听见笔落在纸上的"唰唰"声。坐在前排的小丽根本就没听懂老师在讲什么，她拿着笔在纸上无意识地乱画着。

"大家演算得差不多了吧？现在，我请同学来说一下答案。"

小丽一下子紧张起来，心想：千万别叫我！千万别叫我！

"小丽，你来回答一下吧。"

Chapter 4　掌控恐惧，让你的内心变得更有力量

真是怕什么来什么，小丽感觉自己整个人都僵住了，她紧紧握着笔，怎么也站不起来。

"小丽快点，别耽误大家的时间。"

小丽咽了一口唾沫，慢慢地站起来了。

突然，后排一个调皮的男生传来嘲讽声："你看她那样，肯定是不会做。这么简单的题都不会做，真是笨！"

小丽听后，更说不出话来了，她只能盯着黑板上的试题。这时，她多么希望周围的人能够帮助她，可是没有一个人给她提示，有的甚至还对她指指点点。最后，老师什么也没说，只是示意她坐下。

这次发生的事情让文科是强项的她受到了巨大的打击。小丽高中毕业后，如愿地报了自己喜欢的文学专业。本来以为高中时那次数学课的阴影已经散去，可是一切似乎朝着更可怕的方向发展。

在一次文学沙龙中，小丽周围的同学都在侃侃而谈，各自发表着自己精妙的见解。下一个就轮到小丽了，可不知怎么了，她的手心不断冒汗，心跳越来越快。

主持人叫到她的名字时，她一下子什么也记不起来了，说话还结结巴巴。其他人惊讶地议论着：她写作不是挺好的吗，怎么说话都说不好了？她脑子一下子"嗡"的一声，再也讲不下去了，一切仿佛又回到了那节恐怖的数学课上。

自此以后，小丽不再参加任何集体活动，包括聚会、出游、沙龙等。但她越是逃避，就越觉得自己一到人多的场合就会头晕、胸闷。

小丽的这种情况就是典型的社交恐惧症。她对社交的恐惧反应，根本原因就在于高中时一堂难忘的数学课，那使她遭遇了某些挫折或觉得不光彩，再加上大学时那次沙龙活动的刺激，加重了小丽的社交恐惧症。

在日常生活中，社交恐惧症的主要表现有五种。一是脸红恐惧。当面对别人时，可能因为害羞、不好意思等情绪而脸红。二是视线恐惧。和其他人见面时，不敢正视对方，一旦与对方视线有交集就会不知所措。三是表情恐惧。对自己的面部表情感到担忧，害怕别人会因为自己的面部表情而产生不适的感觉。四是异性恐惧。在面对异性时感到极大的压迫感。五是口吃恐惧。这是与他人交谈时才会出现的发音障碍。

总之，社交恐惧症患者通常会有很重的心理负担，但是必须勇敢地面对恐惧，才能有效缓解恐惧的心理。否则，它会支配你的精神和身体，妨碍你的生活和工作。你可以具体按照下面的方法来克服对社交的恐惧。

1. 停止负面的推测

有他人在场时，你感到不舒服，这很可能是因为你在推测他人对你的看法，而且，你推测的这些看法大多是负面的。比如，当你在讲话时，你看到有两个人在窃窃私语，你就会觉得他们肯定是在说你的错处，挑你的毛病，可实际上，他们可能是在讨论你的讲话内容，并发表一下自己的观点。

所以，请不要让你的错误臆想影响了自己的社交活动。要知道，你的想法并不代表他人的想法，所以，你并不能准确推测他人对你的评价。

2. 寻找积极的反馈

社交恐惧症患者总是习惯性地避免与他人对视，或是习惯性地扫视他人的脸庞，寻找负面表情，从而导致自己在社交中更紧张。其实，社交恐惧症患者可以有意识地寻找那些积极的信号。但要注意，人们对你微笑或是赞扬的时候，你要做出回应，让他们感到舒适，这是非常重要的。

3. 注意别人的谈话内容

许多社交恐惧症患者很难跟上正在进行的话题，主要是因为他们把注意力集中在别人对自己的看法上了。假如你的脑袋中充满了对自己、对他人想法的各种议论，那么听清楚别人谈话的内容是很难的。因此，一个有效的应对办法就是专心地听别人说话。

> **小知识**
>
> 社交恐惧与内向不同。前者属于不敢与外界接触，后者只是不喜欢或不想与外界接触。心理学家认为，性格内向是正常的情况，不需要刻意做出改变，性格内向的人只要找到适合自己的社交方式就可以了。而社交恐惧是一种心理问题，如不及时干预，就会变得越来越严重。

直面内心的恐惧,科学看待特定恐惧

<u>特定恐惧症是恐惧症中较为特殊的一类,其在人群中具有一定的普遍性。有特定恐惧症的人,会没有明确理由地对特定事物或特定情形感到恐惧,即使知道不应如此恐惧,却有种无能为力的感觉。</u>

在这个世界上,每个人都有着自己害怕的东西。有的人害怕接触某种动物,有的人恐高,有的人害怕封闭的空间,有的人害怕见血,还有的人害怕坐飞机……有的人能很好地克制这些恐惧感,而有的人却无法克制,只能眼睁睁地看着恐惧感演变成恐慌,进而演变成恐惧症。这对某一特定的物体或情景的恐惧被称为"特殊恐惧症"。

统计数据显示,有60%的成年人多少都有一些这种类型的恐惧,而只有11%的人会真正被确诊为特定对象恐惧症患者。

王彤是一个活泼开朗的人,与同事、朋友相处得都很融洽,在某些尴尬的场合,她也总能很快化解尴尬,让气氛又变得活跃起来。王彤并不胆小,但她十分害怕坐飞机。

有一次,她乘坐飞机出差,心里总担心会出事。于是她时时关注气象信息,查看是否有风暴迹象。前一晚她整宿睡不着觉,满脑子想着这次飞行,心里十分害怕。坐飞机当天,她就像一只受惊的小鸟,飞机启动和震动的声音都能让她担忧好久,她会臆想"会不会有什么零件要掉下来"。等飞机离地后,她紧紧闭上双眼,牢牢抓住座椅扶手,身体绷得紧紧的。待飞机稳定飞行后,她才肯睁开双眼,放开扶手,却依旧无法放松——即便遇到最轻微的晃动,她也会立即重新抓紧扶手,再次祈祷。直到飞机落地,下飞机走到地面的那一刻,王彤紧张的心情才放松下来。虽然乘坐飞机的时间只有3个小时,但是对王彤来说,这个过程特别漫长。

王彤坐飞机的表现就是特定恐惧症的典型症状。大多数人可能会觉得她是因为胆子小而惧怕坐飞机,其实这与胆子小并没有必然联系。确切地说,目前没人能解释为什么有些人会有某种特定恐惧,就像王彤为什么会十分害怕坐飞机。但我们所知道的是,这种现象具有一些普遍的共性。

关于特殊恐惧的形成根源,一般分为先天性和后天性。先天性就是这些特定的恐惧是生来就有的,因为人们先天就倾向于害怕某些刺激或情形。比如,俄国生理学家伊万·巴甫洛夫做的条件反射的实验,正印证了这一观点。后天性就是这些特定的恐惧是后天习得的,是直接经历过或是间接观察他人的经历而学到的。比如,一个小女孩第一次坐飞机时,看到有人表现出惊恐不安的状态,她就可能对坐飞机产生恐惧;一个成年人一直不敢使用燃气,可能是因为小时候父母曾对他说燃气炉会爆炸;等等。

从现代心理学中得知,许多人常常通过逃避以减轻对特定对象的恐惧。但即使我们与恐惧对象保持距离,这种恐惧扔挥之不去。当逃避状况持续一段时间后,你开始相信自己没有解决这种情况的能力。比如你害怕电梯,或许就只能爬楼梯上下楼,避免在高层居住或办公,甚至只选择一楼的办公室或寓所。你越是习惯这样的逃避,就越依赖这些行为,也就越容易被你的恐惧掌控。

有效摆脱特定恐惧的策略是,直面内心的恐惧并获得安全的结果,这种恐惧在内心就会慢慢减少。总之,要想克服特定恐惧,就必须有战胜它的勇气。

> **小知识**
>
> 当你对某些事物或情形感到恐惧时,如果你没有去正视它,恐惧感就会一直萦绕在你的心里,并不断扩大、增强,你的特定恐惧感便会日益强烈。真正值得你害怕的事情也许并不那么可怕。所以,评估你的特定恐惧,认清你对某些事情的恐惧程度,有助于克服特定恐惧。

Chapter 4 掌控恐惧，让你的内心变得更有力量

有效缓解结婚恐惧，要多多与对方沟通

现在，日益攀升的离婚率成为公众关注的焦点，大龄未婚的现象不再少见。这些情况的成因可能非常复杂，但是结婚恐惧症肯定也是肇因之一。

随着婚期的临近，许多准新人会有一种莫名的恐惧，甚至产生临阵脱逃的念头。这种症状，其实是一种回避心理在作祟，心理学家称之为"结婚恐惧症"。

通常，结婚恐惧症有着以下几个显著的心理特点。

1. 责任心弱

不得不说，结婚后个人的责任会比单身时重了，无论哪一方都应承担起照顾家庭、抚养子女、赡养双方父母的责任，这些责任中包含了我们必须做出的重大改变和调整，压力确实很大。不少人在将要结婚时，考虑到这些责任之重，就会对婚姻产生害怕心理。

2. 缺乏安全感

有时，对结婚的恐惧源于其原生家庭的影响。比如父母双方的

关系不好，就很有可能使孩子对结婚缺乏一定的安全感，造成孩子恐婚的阴影。

蒋欣是一个勤奋又漂亮的女孩，她从某二线城市考入上海名校，又受跨国公司青睐，因此身边有不少追求者。转眼间毕业6年了，同龄的女生都已经结婚了，唯独蒋欣依然是单身。于是，大家开始闲言碎语，说她眼光太高。但其实很多人不知道，蒋欣在童年时期经常目睹父母吵架，甚至常看到家庭暴力，因此她对结婚产生了恐惧，总是认为不可能有美好的婚姻生活。

父母婚姻失败或感情不好，可能会影响孩子对感情和婚姻的态度，孩子可能没有学会良好的和异性交往的方式。像蒋欣这种情况是比较严重的，更多的人只是对婚后生活有所担心。

3. 不喜欢被约束

结婚后，个人的自由将会受到一定的约束，习惯并喜欢自由散漫的生活的人不得不做出较大的改变，并在自由度上做出一定的让步。

有的人拒绝婚姻的理由很简单，比如他认为："结婚意味着有另外一个人完全介入我的生活，管束我的行踪。我好不容易摆脱家长的控制，何必再给自己找个'镣铐'呢？"

4. 不信任对方

可能是在之前的恋爱当中受到过很大的伤害，从此就对异性完全失去了信任。

一一的妈妈一直张罗着给她安排相亲，可是一一每次都只是为了安慰妈妈而已，见了面直接说没有兴趣，喝了咖啡后各走各的。一一之所以每次都这样做，是因为之前她谈过一个男朋友，而且已经到了谈婚论嫁的地步，男方当时说要出国留学，他们俩最终分手，导致一一内心受到了很大的伤害。

一一对男性缺乏信任主要是因为在恋爱中有过受伤的经历，因此每次相亲都会把对方拉进她的黑名单中。

总之，结婚恐惧症对生活和工作都会有影响，如果你对结婚感到害怕，不如在结婚前多与对方沟通和来往，直接或间接地多了解对方家里的情况和生活习惯。这对情侣双方而言，是向夫妻关系转变的一个过渡。

小知识

陷入结婚恐惧症的人，往往有两类。一类是不够自信的人，他们知道婚姻有幸福的可能性，但不敢承担未来变化的风险与责任。面对危机，他们不相信自己有解决的能力，所以不敢或不愿去进行这项"探险活动"。另一类是个性张扬、过度追求自我的人，他们压根就不相信婚姻是幸福的。所以，面对危机，他们消极应对。

改变选择的方式,避免艰难选择的恐惧

<u>有选择恐惧症的人在选择时会异常艰难,无法正常做出令自己满意的选择。他们在必须在几个选择中做出决定的时候很恐慌,甚至汗流浃背,最后还是无法选择,从而导致对选择产生某种程度上的恐惧。</u>

在日常生活中,不知道你是否有这样的纠结心理:面对琳琅满目的商品无从下手,不知道应该选择哪一个好。美国行为科学家阿莫斯·特沃斯基发现,更多的选项会造成人们实际行动的动力下降。他曾做过这样一个实验:在超市,他分别摆出了一批6种果酱样品和一批24种果酱样品,结果显示,购买者更容易从6种果酱样品中挑选出一种去购买。选择越多,越难做出选择;选择越少,则越容易做出选择。

从心理学上来说,在选择时十分纠结是一种很正常的现象,因为在众多选项中人们总是选择最优的,所以选来选去,还是顾虑重重。但对有选择恐惧症的人来说,选择已经不再是一种顾虑,而是一

种痛苦的折磨。

有个选择恐惧症患者曾这样描述他的生活："在较长的一段时间内，我会随身携带一枚硬币。每次在做选择的时候，我就会用抛硬币的方式来为自己做决定。但是，当看到硬币的结果后，我还是感到很纠结。我总是想，万一这样的选择所带来的结果并不尽如人意该怎么办呢？因此我总会有意地避开一切需要选择的情况，希望自己能按照一条既定的道路走下去，而不去做任何选择并纠结。"

通常来说，选择恐惧是一种不自信和逃避责任的心理，有选择恐惧症的人缺乏自立意识和害怕失败。那么，面对选择恐惧，我们该如何克服呢？其关键还是改变自己做选择的方式或思路。主要表现在以下几个方面。

1. 采用对比优劣的方式

很难做出抉择的时候，可以列出一个对比表，列举选项各自的优缺点。优缺点的对照可以帮助你更加清晰地看到自己选择的结果，从而帮助你做出决定。

2. 减少可选的选项

在众多选项中，当你认为有的选项没么多重要的优点时，你可以将这些选项排除在选择之外，从而减轻选择的负担。

3. 坚定地接受一种选择

当你面临选择困难时，可以尝试着只选择其中一项，不管对错，也不需要考虑太多，而是坚定地接受一种选择。做出决定后就不要后悔，也不要做任何对比，相信自己的选择是最好的。其实，这是一种积极的心理暗示，你可以不断地通过这样的暗示来逐渐克服选择恐惧的心理。

最后，如果选择恐惧心理很严重，那么还是要尽早寻求专业人士的辅导和帮助。

> **小知识**
>
> 亲密关系的改善和安全感的增强，可以缓解选择恐惧的心理问题。有选择恐惧症的人需要尽可能地去改善自己与家人，尤其是与父母之间的情感关系，并从中学会欣赏自己。比如在亲密关系中要减少相互的批评与指责，更多地采用欣赏和鼓励的言辞和举止，这都是促进亲密关系、增强安全感的最好方式。

Chapter 4　掌控恐惧，让你的内心变得更有力量

缓解密集恐惧感，主动面对不回避

<u>密集恐惧症恐怕是恐惧症家族中最广为人知的，但也是最易被忽略的一种恐惧症。因为严格地说，它并不算一种心理失调，但事实上人们对于密集呈现的事物确实存在一种不舒服的感觉。</u>

在生活中，一些人看到细小密集排列的物体会产生强烈的不适感，通常他们会感到头晕、恶心、头皮发麻。比如，有密集恐惧症的人在看到密密麻麻排列的蚕卵、木头上的虫洞、蜜蜂的蜂窝等东西的时候，都会感到头晕、恶心。

虽然密集恐惧从名称上看是一种恐惧，但与恐高、恐尖锐物等症状不同，其并非内心真正地感觉恐惧，更多的是一种令人恶心、反胃的生理反应。因此，密集恐惧在心理学临床诊断上并不被看作一项真正的恐惧症。《心理科学》杂志曾引用一个人描述自己经历密集恐惧时的状态："我完全不敢正视这些不规则的成片的孔洞，它们让我感觉想吐，又想大叫出来，甚至会全身发抖。"

造成密集恐惧的原因有多个方面。第一，遗传因素。恐惧症具

有较高的家族聚集性。第二，性格因素。密集恐惧症患者此前性格多羞怯、胆小、高度内向、被动依赖，容易焦虑、恐惧，并有强迫倾向等。第三，生理因素。密集恐惧症患者的神经系统警醒水平较高，他们很警觉、敏感。第四，心理社会因素。生活中某种精神刺激因素会引发密集恐惧。

尽管密集恐惧症并不被认为是一种心理失调，但是它的存在还是让很多人感到苦恼。我们可以通过以下几种方式来缓解。

1. 主动面对不回避

密集恐惧症患者在看到密集的事物时，要暗示自己不要回避，不能形成条件反射的逃跑行为，并主动面对，相信经过一段时间的锻炼就有效果。其实，这是一种暴露疗法，即一下子暴露在强烈的恐怖情境中，不让自己回避，以迅速纠正及消除由这种刺激引发的习惯性恐惧反应。

2. 心情保持放松状态

密集恐惧症患者在看到密集的事物时，心情要保持放松，告诉自己不要害怕。比如听听音乐、跑跑步、打打篮球等，这些都可以使身心得到放松。

3. 想象美好画面

密集恐惧症患者在看到密集的事物时，也可以在心中想象一幅美丽的画面，或想象这是自己以前看到过的美丽景色，让自己忘记面前的密集事物，这样能够减轻对密集事物的恐惧。

4. 必要时使用系统脱敏法

密集恐惧症的生理反应较严重时，可以采用系统脱敏法缓解。

比如，可以先从所恐惧之物的某个局部开始适应，再慢慢增量，鼓励自己逐渐接近所恐惧事物的全部，直到消除对该刺激的恐惧感。

小知识

人类的密集恐惧症最早可以追溯到远古时代。那时候的人最恐惧的是被有毒物沾染的皮肤长出的密密麻麻的脓包。对这种视觉画面的不适感早已深深印在了我们人类大脑的深处。然而人们之所以对米饭不会感到恶心，是因为千百年来米饭已作为"安全认证密集物"被刻入我们的大脑系统。

调整好心态，减轻上班恐惧心理

上班恐惧症是一种情绪障碍，虽然表现各异，但对上班产生恐惧这一特点是相同的，都有头痛、腹痛、食欲不佳、全身无力等症状。

上班恐惧症的主要表现有两点：一是上班前不想上班，焦虑；二是上班第一天萎靡不振、烦躁。其产生的原因是多种多样的，主要有两类。

1. 工作压力大，工作量超负荷。过大的工作量让人们身心疲惫，甚至加班到很晚才完成。这样过大的工作量使人们恐惧上班，想在家好好休息。

2. 害怕人际交往。比如，与公司同事的人际关系不佳，或是刚毕业的职场新人比较内向、心理素质比较差等。

唐磊在学校学的是工科类，毕业后进入一家私企实习。由于他的工作场所主要是实验室，因此同事并不是很多，加上经常和老板独处，所以性格内向的他觉得压力非常大。

有一次，唐磊无意间写错了一个数据，导致公司遭受了很大损失，老板严厉地批评了他。自此以后，他每次想到上班要面对老板，就会头痛、腹痛，下班后就好像得到了解脱。

唐磊的表现就属于典型的上班恐惧症。他越是害怕和担忧，工作上就越容易出问题，而工作上的问题又会加剧他的头痛、腹痛等症状，于是形成了一个恶性循环。作为一个职场新人，面对老板的批评应虚心接受，毕竟是自己经验不足而导致了工作中的失误。也就是说，这是心态的问题。在工作中要调整好心态，就不容易出现上班恐惧的心理。

总之，不管是职场新人，还是老员工，都应具体掌握一些克服恐惧的方法。主要有以下几个方面。

1. 抓紧收心，尽快调整好心态

尤其是春节或国庆的长假，随意吃喝玩乐，会把人的惰性激发出来，容易使人产生精神上的疲劳。在假期结束后上班，开始忙碌起来，就会容易让人心烦，精神无法集中。因此，上班族要学会适时地转换角色，在工作的第一天，尽快从休闲状态中调整过来。

2. 合理饮食，缓解疲惫感

刚开始上班，应多吃一些富含蛋白质的豆腐、猪肉、牛肉、鱼、蛋等，多食碱性食物，如新鲜水果、蔬菜、豆制品和含有丰富蛋白质与维生素的动物肝脏等，这些食物能有效缓解身体的疲惫感。另外，补充睡眠，把生物钟调整过来也很重要。

3. 进行适当的运动锻炼

当恐惧感袭来时，身体会分泌过盛的肾上腺素，而当人们活动时，会消耗肾上腺素。或者也可以尝试收缩及放松各部位的肌肉，这样一紧一松的肌肉运动也能消耗肾上腺素，以减轻上班恐惧的感受。

4. 转移注意力

有上班恐惧症的人往往会把自己的注意力过分集中在对工作压力、与同事交往等问题的担忧上，因此才会产生恐惧心理。转移注意力是一种不错的方法，比如做一些自己感兴趣的事情，多和同事聊聊天等。

5. 提升自己的能力

尤其是职场新人，对上班有恐惧感的主要原因就是能力不足。如果具备足够的能力可以胜任工作的话，怎么会出现恐惧心理呢？建议在生活中通过一些方法来提高自己的工作能力与技能，如请教他人、报考培训课程等。

6. 保持责任心

工作中，责任心是衡量一个员工的标尺。要把工作尽可能地做好，不要觉得工作都是为了老板而做的，要有自发的热情，把工作看成自己的一份事业，这样的热情将会使你成功。

小知识

上班恐惧心理是大学毕业生半年内离职的主因。据社会科学文献出版社出版的《2018年中国本科生就业报告（就业蓝皮书）》显示，中国大学毕业生半年内离职率达33%，半年成为就职"黑色时段"，三年内平均换两份工作。

延伸阅读——认识恐惧

正常的恐惧并非毫无作用,对人类而言,它就好比警报,当人类面临危险时,这个警报就会自动提醒人们小心应对危险。哈佛大学心理学系主任卡琳说:"养成凡事稍微害怕的心理,有个重要的作用:教我们明白四周环境里,有些东西必须十分注意和小心,这本领是可以训练的。"

恐惧是正常的,没有恐惧是不正常的,但不合逻辑的恐惧则是病态的。比如前面讲到的社交恐惧、特定恐惧、结婚恐惧、选择恐惧和密集恐惧等。这些恐惧是非理性的害怕,有时还会不断强化,给人们的生活带来很大的影响和不便。

有调查显示,自2000年以来,全球恐惧症患者从10%提高到了25%。患上恐惧症的根本原因是我们缺乏处理可怕情境的能力或缺少对付危险的手段。当一个人不知道用什么方法击退威胁,或者发现自己企图逃跑的路径被堵住时,就会感觉被一种不可抗拒的力量包围,恐惧就产生了。

1. 要区分两点

要认识恐惧，我们首先需要区分以下两点。

（1）恐惧症不等于没有勇气

说到恐惧，许多人就会联想到勇气。在不少人看来，有恐惧症是缺乏勇气的代名词。这种误解普遍存在，甚至很多有恐惧症的人自己也是这样认为的，他们往往都会给自己贴上"胆小"的标签。

什么是真正的勇气？我们先来看看鲍威尔的解释："勇气应指两个方面：其一是正面应对所有不应该害怕的东西，其二是恐惧所有值得害怕的东西。"也可以说，所谓的勇气是相对的，它是个体意志中积极和果断的一面，但是勇气也是有极限的。

总之，有恐惧症并不意味着缺乏勇气，只要勇于正视自己的恐惧症，并且努力战胜恐惧症，就是真正的有勇气。

（2）恐惧和担忧不是一回事

有时候，担忧确实值得我们认真对待，但担忧是无助于解决问题的。相反，担忧只会转移我们的注意力，让我们无法找到解决问题的方法。

将担忧强加在他人身上，是对他人的骚扰，会让对方窒息。而担忧自己，相当于自寻烦恼。担忧是人为创造出来的恐惧，并非真正的恐惧。

2. 让恐惧者困于现状的十一种错误应对方式

让恐惧者困于现状的十一种错误应对方式及对策，具体如下表。

表4-1　恐惧的错误应对方式及对策表

恐惧的错误应对方式	对策
宣泄	确定你想要达成的目标，而不要总是抱怨目前的处境
无效的心理疗程	停止在心理咨询中无休止地诉苦，立即开始一项计划，鼓励自己面对恐惧并改变生活
依赖药物	学习怎样控制和战胜恐惧反应
一厢情愿地幻想	制订一个行动计划，让你从A点（现在）达到B点（想要的生活）
回避恐惧	从小处着手，从自己力所能及的事情开始，通过持续获得成功经验，建立前进的信心
爱钻牛角尖	换个思路，寻找解决方案
总关注消极面	将消极思想改造为鼓舞人的、积极的自我暗示
试图掌控能力范围外的事物	将注意力集中在可掌控的事物上
因失败而放弃	对失败加以改造，从小事做起，逐渐积累成功体验
想得太多	立即实施你的行动计划
过于迁就他人	与散布恐惧者保持一定的距离

3. 驱动无畏者前进的七种行为和信念

当你看到一个登山家、跳伞运动员、八面玲珑的社会活动家，或是在人群中侃侃而谈的人时，你会怎么想？你也许会认为，他们生而无畏，不会像你一样感到焦虑和紧张。

其实，他们和你完全没什么两样，也有天生的恐惧反应。你们之间的差异并非恐惧的存在与否，而是无畏者对恐惧有着不同的理解。无畏是一种信念、态度和生活方式。当你决定开始无畏地生活时，请掌握接下来介绍的七种行为和信念吧。

第一，无畏者在正面迎接恐惧。

想一想，你有多长时间一直在回避自己害怕的东西？回避恐惧有没有让它消失？你有没有发现回避恐惧实际上只会加深恐惧？

第二，无畏者将恐惧视作兴奋剂。

想一想那些让你感到兴奋和激动的事，比如坐过山车、水上漂流，总之是让你觉得非常具有挑战性的事情。

第三，无畏者跌倒后能爬起来。

如果你失败了，可以使用下面的建议：改变思维，从失败中寻找经验，并设置现实可行的目标。

第四，不要将拒绝个人化。

被拒绝并不意味着你很差或令人讨厌，这只说明你不适合这个工作、对象或机会。

第五，在不确定中寻找确定性。

比如，在股市的大波动下，恐惧者往往会拒绝面对，要求周围的人不要谈论股市，或是在网上一直更新股市的消息，与朋友紧张地讨论着。

无畏者则与之相反，他们会阅读可靠的财经信息，搜集整理数据，从不确定的环境中创造出一些确定性。

第六，通过练习变得无畏。

第七，无畏者相信一切皆有可能。

Chapter 5

调节羞耻感，
避免给内心带来过多的痛苦

羞耻感是一种令人痛苦的感觉。它当然也可以是健康和有益的，但是当一个人产生了太多的羞耻感，感到被它淹没的时候，它就不再健康了，反而会给人带来巨大的痛苦。感到过度羞耻的人，相信自己生而为人，却有根本的缺陷。

本章将带你认识什么是羞耻感，学会区分健康的羞耻感和过度的羞耻感，以及掌握如何调节各种原因导致的过度羞耻。

心理测试：你是否长期陷于羞耻感中？

以羞耻为中心的人通常采用负面的方式来体验人生，他们对自己在这个世界上的地位感到难为情、紧张和害怕。请你根据自己的实际情况，对下面的表述做出判断。

1. 你常常担心你的外表。

   A. 是　　　　B. 不是

2. 你十分担心他人对你的看法。

   A. 是　　　　B. 不是

3. 说出自己的真实想法之后，你通常会感到窘迫。

   A. 是　　　　B. 不是

4. 和别人在一起时，你感到难为情。

   A. 是　　　　B. 不是

5. 你难以应对别人的批评。

   A. 是　　　　B. 不是

6. 你害怕在众人面前受到羞辱。

   A. 是　　　　B. 不是

7. 你料想别人会看到你的缺点。

A. 是 B. 不是

8. 你每天都能发现自己的不足和错误。

A. 是 B. 不是

9. 当别人表扬你时,你很难相信他们是真心的。

A. 是 B. 不是

10. 和你认识的人相比,你自认为不如他们优秀。

A. 是 B. 不是

11. 你对他人在你家的行为方式感到羞耻。

A. 是 B. 不是

12. 有时候你感到羞耻,甚至不知道为什么。

A. 是 B. 不是

13. 你担心自己会做错事情。

A. 是 B. 不是

14. 你害怕被别人评价,即使你知道自己干得好。

A. 是 B. 不是

15. 只要一接近那些表现得很愚蠢的人,你就感到羞耻。

A. 是 B. 不是

结果分析

你选择的"是"越多,说明你羞耻的程度越高,越会长期陷于羞耻感中。

区分羞耻感和内疚感

<u>羞耻和内疚是两种相似的情感，两者都要求我们仔细地审视自己并在生活中做出改变。因此很多人对两者的区分是模糊的，认为两者区别不大。其实不然，细细研究起来，两者之间有许多差异。</u>

尽管人们早就觉察到羞耻与内疚这两种情感的存在，但心理学家和其他专业人员都没有对羞耻和内疚做出明确的区分。比如，在弗洛伊德时代的心理学中，人们往往把羞耻和内疚等同看待。在弗洛伊德看来，羞耻只是童年焦虑与成年内疚的一种过渡形式，它本身在精神病理学上并没有什么重要性。在之前的一些心理学文章中经常会见到两者被交替使用的情况。

近几年来，心理学界对羞耻感的研究已成为一个新的热点。随着对羞耻这一情感研究的逐步深入，人们发现它与内疚之间有着明显的区别。主要有以下几种。

1. 感到羞耻的人受到自身缺点的困扰，深感内疚的人则注意到他们的违规

有羞耻感的人常认为自己不够好，是因为他没有达到一定的目标。比如他会觉得自己没有姐姐或哥哥那么有魅力，不像妈妈那么和善，不像朋友那么有趣，等等。而在格哈特·皮尔斯和密尔顿·辛格合著的作品《羞耻与内疚》中，内疚是"深感内疚的人认为自己做得过火"。

2. 羞耻涉及某个人做人的失败，内疚则指向做事的失败

关于这一点，最有影响力的是著名精神学家海伦·布洛克·路易斯的观点，她认为羞耻和内疚的主要区别在于人们对事件的主观解释不同。羞耻的体验直接针对自我，自我是负性评价的中心，"坏事"（负性行为或失败）常被看作一种"坏自我"的反映。也就是说，羞耻指向的是做人的失败。内疚体验的产生，则是因为人们对所做或未做的事产生了负性评价。也就是说，内疚指向的是做事的失败。

3. 深感羞耻的人害怕被抛弃，感到内疚的人则担心受惩罚

深感羞耻的人害怕被抛弃，是因为他们觉得自己有很多缺点，不会受到别人的珍惜；感到内疚的人，则是因为自己做了错事，而担心被惩罚或付出代价。

4. 羞耻指向隐藏，内疚指向表达

感到羞耻的人总想隐藏羞耻感，不想让任何人看到真实的自己；感到内疚的人则渴望得到他人的宽恕和原谅，有时为了减轻自己的内疚感，还会做一些补偿性的举动。所以说，内疚感更能激发

一些行动，也更容易被表达和被他人识别。

　　有时，羞耻和内疚这两种感受会掺杂在一起，变得很难区分。比如，一个人对自己说："我怎么会做了那样的事？"在说出这句话时，他的注意力要么集中在"我"上，要么集中在"那样的事"上。集中在前者的话，说明是羞愧感；集中在后者的话，说明是内疚感。

　　目前，大多数心理学家趋向于认同羞耻感比内疚感更容易造成心理障碍这一观点。但还有少数心理学家认为，羞耻感和内疚感在心理学上的作用并无多大差异。既然存在认知上的不统一，就说明对羞耻和内疚的心理研究还有待进一步深入。

> **小知识**
>
> 　　对羞耻和内疚的认知，存在着文化上的差异。西方国家被认为是内疚取向的文化，而亚洲国家被认为是羞耻取向的文化。因此，在西方国家中，羞耻的含义是比较狭隘、极端的，感到羞耻是一种严重的事情，它包含了一种极端的痛苦和社会耻辱感；而在亚洲国家中，羞耻的含义要广泛得多，它包括了许多不同的感受，如害羞、难堪、痛苦等。

Chapter 5　调节羞耻感，避免给内心带来过多的痛苦

好的羞耻感给人以力量

<u>人们普遍对羞耻感存在一个认识误区：羞耻感的存在是不好的。其实，羞耻感有好坏之分，只要勇敢面对它，就能将这种不舒服的感觉转换成一种让人前进的力量，使我们变得更好。</u>

当你听到"好的羞耻感"这个短语时，可能会发出这样的疑问："这种本质上令人不舒服的感觉，有什么好的？"虽然羞耻感是一种让人痛苦的情感，但只要我们不被羞耻感淹没，它依然有着极大的积极作用。

1. 促进自知

这就好比照镜子，感到羞耻的人会仔细审视自己，看看自己有哪些缺点。这些缺点不仅仅是相貌上的缺陷，更重要的是行为上的不当和不足。感到羞耻的人会利用这些观察来改善自己的言行。

下面我们看一个案例。

李昊匆忙地把自己的简易房刷完漆，为的是快点了结一桩事。

但之后他发现，自己刷的漆很不均匀。另外，在许多地方的黄色边缘上，不小心溅上了红色的涂料，还有涂料弄脏了门的把手。虽然他很快做完了这桩事，但他并没有觉得松了一口气。因为他觉得做得太粗糙了，没有达到自己的标准，所以感到非常羞耻。

于是，他重新刷了一遍漆，把之前没做好的部分给修复了一下，还把门把手擦干净了。做完后，他满意地点点头，感到十分开心。

上面案例中的李昊就是运用了羞耻感来激励自己，修正了自己之前不好的行为。因此说，好的羞耻感可以促进自知，让人从中获益。

2. 提升对个人关系的认识

通常，感到过于羞耻的人认为，他和别人建立关系的方式基本是错误的，他总觉得自己在社交方面有缺陷。当他把自己与别人做对比时，常常只会注意到自己的缺点。感到极度羞耻的人更是会不断地意识到自己的那些缺点。

好的羞耻感是适度的。大部分人在他们的至少一种个人关系出现问题时，将会感受到羞耻。适度的羞耻感将会提升人们对个人关系的认识。

苏拉和梅西两人正在为某件事情争辩着。苏拉摆出一副蛮不讲理的样子，并告诉梅西，他必须按照自己的想法去做。后来，苏拉意识到，自己对梅西的蛮横行为让她感到非常羞耻。于是，在接下来与梅西相处的过程中,苏拉总是有意识地克制着自己的这一缺点,这使两个人的关系缓和了许多。

苏拉的羞耻感帮助她意识到,她得改变自己的行为,不能再对梅西那样了。并且,这种羞耻感真的起到了不错的效果。

3. 有助于人们发现关于人生的重要事实

有时,羞耻感有着巨大的价值。适度的羞耻感有助于人们发现(或重新发现)关于人生的重要事实。

在这些重要事实中,有四条是关于人性、谦逊、自主和能力的原则。

(1)人性的原则

没有哪个人完全愧为人类和理应成为下等人。

(2)谦虚的原则

没有人天生比任何人更好或更差。

(3)自主的原则

每个人都对自己的行为有一些控制权,但对他人的行为几乎没有控制权。

(4)能力的原则

每个人都可以争取做得足够好,不必追求令自己感到羞耻的失败。

小知识

　　缺乏羞耻感的人通常有以下表现：持续不断地要求成为他人关注的中心；不谦虚；在与别人交往的过程中缺乏审慎和对分寸的把握；缺乏尊严和荣誉感；不能用羞耻感使自己变得更加强大，并且最终感受到健康的自豪感。而几乎没有羞耻感的人，严格意义上说是"无耻"的。

Chapter 5　调节羞耻感，避免给内心带来过多的痛苦

以羞耻为中心的过度羞耻感

过度羞耻感不同于前面提到的"好的羞耻感"，感到过度羞耻的人，自己的内心非常痛苦。

有过度羞耻感的人是以羞耻为中心的。这种人觉得自己内心深处一直都有缺陷，陷在羞耻感中无法自拔；对自己和这个世界形成了一种错误的观念，认为事情真相非黑即白。

通常，有羞耻感的人会采用一些防御策略来回避羞耻感：否认、回避、暴怒、完美主义、傲慢和出风头。虽然这些防御策略暂时管用，但从长期来看，并不能真的治愈这类羞耻感。下面我们来具体了解一下。

1. 否认

否认羞耻感的人不了解他的羞耻。他自欺欺人地相信自己并没有感到羞耻，但实际上，当他完全清楚自己的内心发生了什么时，将体验到巨大的羞耻感。比如，许多酗酒者否认他们存在酗酒的问题，如果他们承认了自己无法控制酒量，将感到非常羞耻。

总之，不论带给某人羞耻感的事情是什么，他都可以用否认来加以防御。而一味地否认会给自己造成伤害。我们可以无视现实，但不意味着能让现实远离或走开。因此，以羞耻为中心的人应面对现实，反之，只会让羞耻感一直伴随着自己。

2. 回避

回避是羞耻感的一种常见反应。当一个人被羞耻感触动，与别人接触非常痛苦的时候，最开始的生理反应是避开眼神交流，看着地面或旁边。他们好像在表达这样的意思：现在我对自己的感觉很不好，我不能看着你的眼睛；我不能和你紧挨着，因为那只会加深我的羞耻感。当然，回避还有其他方式，比如逃开令人不舒服的话题，或在情绪上不和别人站在一起，等等。

3. 暴怒

当一个人的身份认同感遭到其他人出其不意的攻击时，他最容易一下子暴怒起来。

马光的一位朋友毫不客气地对他说："你买的衣服太没品位了，这样的打扮是不可能找到女朋友的。"不知道他的这位朋友是有意还是无意的，马光听到后，内心受到了极大的伤害。他很生气地说："你什么意思？我不可能找到女朋友，没衣品？不管怎么说，我比你好看多了，你走路的样子才真的没有女性喜欢！"

马光被羞耻感触动后，立刻以攻击他人的方式来进行自我防御。可以说，暴怒发挥了它的作用，因为它把伤害自己的人赶走了，保护了马光内心的羞耻感不被别人发现。但采用这种极大打击他人自尊的方式来防御无法抵挡的羞耻感，会让对方不敢再接近自己，这会阻碍与他人之间的联系。

4. 完美主义

为羞耻感采取防御的完美主义者似乎只认识得到一种为人处世的状态：羞耻的或是完美的。这类人反对人性，因为他们认为，接受人性等同于失败。但是，我们都是普通人，我们的能力和力量都有一定的范围。因此，表现得不够完美并没有什么可感到羞耻的，只要尽自己的最大努力就可以了。

5. 傲慢

傲慢分两种：一种是自大，一种是蔑视。自大，是把自己的地位、作用等看得很重要，夸大自己的价值；蔑视是贬低别人，使别人看起来比自己渺小。很多人会利用这两种傲慢形式来保护自己，不让自己感受到内心深处的羞耻。

6. 出风头

这种防御方式似乎和感到羞耻是矛盾的，因为这样看来，感到羞耻的人不是隐藏自己，是让别人关注自己。其实，这种爱出风头的人展示的是他内心真正想隐藏的东西，这只会让他更加感到羞耻。

另外，许多深感羞耻的人容易陷入一些严重的问题，比如：

- 害怕被抛弃。
- "你想让我变成什么人，我就变成什么人。"
- 自我忽视、自我虐待和自我破坏。
- 羞辱他人的渴望。

> **小知识**
>
> 以波涛形态袭来的好的羞耻感可能十分强大,有这样感觉的人通常可以迅速恢复正常,甚至可以从痛苦中学到新方法。而以螺旋形态袭来的羞耻感可能就会引发严重的问题,他可能马上会变得很痛苦,随着他开始回忆起自己在其他事情上的羞耻感,"羞耻螺旋"会加速转动,从而容易使自己被孤立,以至于将自己与其他人隔绝起来。

Chapter 5　调节羞耻感，避免给内心带来过多的痛苦

如何治愈自我羞辱带来的羞耻感

自我羞辱是羞耻感的来源之一。自我羞辱的人会不断地在内心说自己的不好，并确信其他人也会以这种方式来看待他。

羞耻感是生活中的一种普遍情绪，适当的羞耻感有助于情绪上的成长。然而，深感羞耻的人内心充斥着羞耻感，以致经常用这一武器攻击自己。

杰瑞总是感觉自己很不同。在一次演讲时他出现了轻微的口吃，几乎没有人发现，但他自己无法忘记这件事。现在，他想方设法注意所说的一切，在不得不说话的时候，总是很小心翼翼地说。他始终认为，当自己说某句话出现结巴的现象时，别人会嘲笑自己。他把自己的这个问题作为秘密，谁也不告诉，包括自己最好的朋友。

杰瑞的自我羞辱已深深嵌入他的思考习惯之中了。每天他都盯

着自己的失败和不足，重新确认自己有缺陷。这些想法是自动冒出的，它们已变成了思考习惯，并不是有意识的。他的羞耻感已成为一种反思行为，但这种行为大多数发生在他的脑海中。

"当然……"是这种自我羞辱的思考习惯中的常用句式。比如，这类人总会这样想：

- "当然，我的意见毫无价值。"
- "当然，没有一个人爱我。"
- "当然，我令他人非常厌恶。"
- "当然，我很愚蠢。"

这些令人羞耻的想法在他们的脑海中出现时，他们不会去质疑，而会相信这些想法是真实的。如果不断地使用这种思考习惯，人们就会憎恨自己，使自己变得孤立起来。

下面提供一些专门用来把自我羞辱的想法和行为转变成自我尊重的指导原则。

1. 注意那些主动冒出的谴责信号

停止自我羞辱的第一要务是完全理解自己怎样谴责自己。这意味着要关注那些未经仔细思考而自动冒出的想法，还意味着不要在完全没认识那些想法的强大力量和顽固性的情况下，就急匆匆地去改变它们。

以羞耻为中心的人应变成客观的审视者，冷静审视自己以及周围的环境。但记住，必须有耐心，因为羞耻感的治愈过程很漫长。

2. 挑战那些想法并用肯定的想法替代它们

在挑战自我羞辱的想法时，应用一些简洁、积极的信号来肯定自己。比如：

- 羞耻的想法：我从来没把事情做好过。

  肯定的想法：我可以把事情做好。
- 羞耻的想法：我一定有什么问题。

  肯定的想法：我没问题。我一定有我的长处。

3. 学会尊重自己

千万要记住，不要等到你摆脱了过多的羞耻感后才开始尊重自己。相反，立即训练自己养成保持健康的自豪、尊严和荣耀的习惯。那意味着，无论何时，你都可以用关心自己的想法和行为来替代自我羞辱。

4. 对自己的人生提出积极的心理要求

某些形象经常是伴着羞耻感出现的。比如：有的人蹲在地上，低头盯着地面；有的人脸涨得通红，用双手捂住脸。这些形象体现了人们在身体上和情绪上对羞耻感的响应。对某个人来说，可能是他对自己孩提时代父亲用手指指着他的情形的回忆；对另一个人来说，可能是记起了某个格外令人窘迫的场景。这些生动鲜活的形象体现了羞耻感。

因此，你尽量不要让这些羞耻的想法冒出来，而要把自己想象成充满力量和尊严的样子，这些积极的形象非常重要。

5. 重塑精神生活，为自己的存在寻找积极意义

深感羞耻的人可能失去了信念，觉得人生没有意义。他们得重新开始自己的精神探索，以便为自己在这个世界上找到一席之地。

小知识

感到羞耻的人必须让自己的内心充满希望,才能治愈羞耻感带来的创伤。希望是一剂解药,专门治疗自我羞辱和自我憎恨的人的绝望,而且,希望是治愈的关键。

Chapter 5　调节羞耻感，避免给内心带来过多的痛苦

如何治愈个人关系带来的羞耻感

<u>个人关系是羞耻感的一个重要来源。令人羞耻的个人关系是建立在反复的、常规性的行为之上的，这些行为发生的信号是某个人存在某方面的问题。</u>

健康的关系是建立在相互尊重的基础之上的，大家都相互欣赏。其实更合适的说法是：每个人都敬重对方，每个人都能维护对方内心的尊严。和自己建立了积极的个人关系的人，通常对自己和他人都感到自豪。

而在以羞耻为中心的个人关系中，人们经常相互羞辱。当人们面对自己生活中一些重要的人持续不断的羞辱和指责时，几乎没有人可以强大到完全承受。而且一个人被羞辱得越厉害，越会感到羞耻。

通常，以羞耻为中心的个人关系有两种类型：一种是单向的羞辱关系，大多数的羞辱由较强大的一方施加给较弱的一方；一种是双向的羞辱关系，也就是两个人都主动地羞辱对方。

反脆弱心理学

1. 单向的羞辱关系

当个人关系中的某个人运用羞辱他人的方式来增强或保持控制时，对方通常会产生羞耻感。比如，一个男人经常告诉自己的妻子，说她整天不懂得打扮自己，没有人会欣赏她，这打击了妻子对自己魅力的信心。一旦妻子开始相信自己的丈夫，他们就不太可能平等地站在一起。而这个男人越是羞辱自己的妻子，就越能从这种关系中获得权力。

单向的羞辱关系扭曲了人们的联系，而且对被羞辱者来说极具破坏性。而羞辱他人的人也会有损失——失去亲情、友情或爱情。

2. 双向的羞辱关系

在这类个人关系中，每个人都会抓住一切机会指责另一人，甚至两个人还形成了"比赛"，目的是看哪个人能够更大程度地贬低另一个人。

伊泰和拉蒂是一对夫妻。伊泰抱怨拉蒂是一位很糟糕的妈妈，而拉蒂则质疑伊泰表达感情的能力。两个人每天这样相互指责和羞辱，他们对这种关系中发生的事情感到很害怕，因为他们用憎恨和羞耻替代了爱与尊重。

在这种相互羞辱的个人关系中，两个人都受到了严重的伤害。随着双方遭到对方的持续打击，这种关系最恶劣的特点开始显现出来。相互羞辱的个人关系中的主题是蔑视，人们在这种关系中相处的时间越长，便越不尊重对方。

总之，不论是哪种类型，围绕羞耻感而建立的个人关系都伤害了关系中的双方，即使是那些似乎从中获得了权力与控制的人。以羞耻为中心的个人关系伤害了每个人的尊严，使双方朝着更亲密关系发展的可能性变得微乎其微。

为了帮助人们将以羞耻为中心的关系转变为以尊重、荣誉为中心的关系，特提出以下有效的指导原则。

- 清醒地知道你在自己的重要关系中是怎样羞辱对方的。
- 注意反思你通过羞辱他人获得了什么。
- 注意观察你的羞辱行为对你自己和他人造成了什么样的伤害。
- 将你的羞辱行为与你自身的羞耻感和自我憎恨的问题联系起来。
- 下定决心不再羞辱他人，不论他们如何对你。
- 用尊重他人的行为来代替羞辱的行为。
- 注意观察那些对你来说很重要的人如何羞辱你，以及这种伤害是如何造成的。
- 面对和挑战这种直接针对你的羞辱行为。
- 考虑摆脱以羞耻为中心的个人关系。
- 致力于培养不以羞耻为中心的个人关系。

小知识

在并非亲密的个人关系中，单向的羞辱关系最为常见地存在于：老板和员工，父母和孩子，有经验的员工和新来的员工，等等。双向的羞辱关系最为常见地存在于：工作中的同事，关系变得紧张的朋友，等等。在这些个人关系中出现羞辱，尤其是当它具有经常性和反复性的特点时，一定不要小看，因为它可能跟亲密的个人关系中出现的羞辱一样，对人们造成伤害。

如何治愈原生家庭带来的羞耻感

<u>在以羞耻为中心的家庭长大的人，到了成年后，其内心很可能会有过多的羞耻感。</u>

在一些家庭中，成员每天经常说和做产生及散播羞耻感的事情，我们称这样的家庭为"以羞耻为中心的家庭"。

在这样的家庭中，总有一两个人充当被羞辱的对象，他们被称为"替罪羊"。替罪羊们总是被贴上"坏""笨""无用"等标签。他们带着深深的羞耻感长大成人。

在以羞耻为中心的家庭中，每个人可能都会深深陷入备受影响的羞耻感之中。这些家庭中的父母认为他们自己就是失败的典型，而他们的孩子在这样的家庭中几乎不能感受到什么是自豪。家庭氛围中萦绕着较低的自我价值和有缺陷的感觉，孩子在充满羞耻感的家庭中长大，通常也会变成以羞耻为中心的人。

在原生家庭中最常见的产生羞耻感的行为如下：

- 发出类似这样的信号："你不好""不是足够好""不值得

爱""不属于这里或不应当存在"。

- 发出要抛弃、背叛、忽视和冷落的威胁。
- 施以身体虐待。
- 要求全体家庭成员保守家里的秘密。
- 父母要求事事都做到完美。

来自原生家庭的羞耻感对于孩子来说已经根深蒂固了，因此治愈这类羞耻感要有足够的耐心。下面就给大家提供一些具体的指导原则。

1. 区分审视过去与被困在过去之间的差别

审视过去，目的是发现某些事件是怎样对你造成伤害的，以便你改变自己当前的想法和行为。重要的是，你要仔细观察那种伤害，而不是深陷其中。

2. 确定你从家庭中接收的关于自己缺陷的最重要信号

关于你的缺陷的最重要信号，就是那些对你产生最深刻影响的信号。这些信号可能是语言的羞耻信号，也可能是非语言的羞耻信号。比如，在童年时期，你带回家的成绩单上面写着80分，爸爸说"你不够优秀"就是一个语言的羞耻信号；当你感到热情十足或取得了一定的成绩时，妈妈什么也没有说，只是耸耸肩或不屑地翻翻白眼，就是一个非语言的羞耻信号。

3. 允许自己为羞耻信号造成的伤害而感到悲伤

不为受到羞辱的过去而悲伤，是治愈羞耻感的一个必要步骤。类似这样的悲伤，可以让你意识到羞耻感在吞噬着你的精神，有助于你放下过去，继续勇敢地前进。

4. 用体现自我价值的新信号来挑战关于缺陷的旧信号

关于以前接受的那些令人羞耻的信号，最初并不是从你的内心产生的。也许小时候你无法选择，但长大后，你可以梳理你在童年时期收到的羞耻信号，并有意识地决定将它们抛出去，并用更加健康的信号来取代它们。

5. 改变行为，使之与那些更加健康的新信号相一致

当你改变了自己的行为，过上一种不以羞耻为中心的健康生活时，就说明上一条中的努力得到了回报。

6. 原谅羞辱过你的家人

原谅可能是极其痛苦的。它可能带来暴怒、憎恨、绝望、从内到外深刻的悲伤等一些强烈的感觉。但你要记住，原谅别人是治愈自己最好的方式。只有真正原谅了别人，你才能抛掉内心的痛苦。

小知识

以羞耻为中心的人害怕被揭穿，他们不希望别人过于细致地审视自己，因为他们害怕自己内心的"坏"变得明显。他们似乎常常戴着面具，也就是扮演着没人能看穿的角色，以保护他们脆弱的身份认同。以羞耻为中心的家庭也是如此，父母反复告诫孩子，不要对他人说出一些令家庭蒙羞的事情。在这样的环境中长大的人，是不会对遮遮掩掩的家庭感到自豪的。

延伸阅读——帮助缺乏羞耻感的人

缺乏羞耻感的人有两个很明显的缺陷。

第一，他们通常很自我，以致无法与他人深入接触。他们难以从对方的角度看问题，只能从自己的视角来观察这个世界。比如：

一位30多岁的男性完全主导了一次小型的聚会。他不停地大谈自己在事业上的一次次成功，并坚持让每个人都听到他的故事。当其中有人想要转移话题时，他仍坚持自己的"讲话"，并且还要站在中央位置。他似乎完全只想着自己，一点也没想到别人。

第二，他们收不到感到不舒服的人发出的信号，或者他们认为那些人发出的信号根本就不重要。比如：

一对年轻的情侣坐在地铁上，他们一直端坐着。可不一会儿，这对情侣都把鞋脱了，顿时散发出臭味。这时，周围的一位乘客悄悄地对另一位说："这两个人怎么了？他们不知道羞耻吗？"而这两

Chapter 5 调节羞耻感,避免给内心带来过多的痛苦

个人也毫不在意地铁上周围人的眼光。

总之,无论是哪种方式,他们感受不到羞耻,完全生活在"以自我为中心的宇宙"中。

前面我们已经探讨过从过多的羞耻感中恢复的原则和理念,在缺乏羞耻感的情形中,我们一样将提出一些具体的指导原则。

1. 接受谦逊的原则

谦逊意味着接受这样一个现实:你既不比别人更好,也不比别人更差。这是一种尊重所有人内在尊严的理念。谦逊的人不一定要放弃他自己擅长的东西,也不一定要假装自己所做的每一件事都有"平均水平",他依然可以在自己做的事情上追求卓越。

2. 提升对他人的关注

缺乏羞耻感的人可以学会将注意力从自己身上移开,转到他人身上。起初他们也许只能短暂地把注意力集中在别人身上,但经过多次锻炼,可以逐渐提高这种技能。记住,这样做的目的不是发现他人的缺点或不好的地方,而是发现对方优秀的品格和内在的尊严。

3. 学会保守一些隐私

缺乏羞耻感的人需要学会保守一些隐私,以便使他自己与这个世界保持一定的界限。正常的羞耻感能帮助我们保护这种界限,因为当我们已经侵犯了某个人的隐私时,我们内心的这种羞耻感便会提醒我们。

4. 懂得把握分寸

对分寸的把握是对谦虚与隐私的补充。它将提醒人们，当不太关注其他人的界限时，他们会感受到羞耻。这里列举几种不可取的行为和方式：

- 把刚刚了解到的关于某位朋友的所有事情告诉每一个人。
- 在公开场合说出让自己的伴侣感到无比尴尬的话。
- 在一场私底下的交谈中大声说话，使得别人无意中听到了你说的话。

Chapter 6

降低敏感度，
减少没有必要的内心消耗

敏感是一种性格特质，但它如同药物一般，不能过量，因为过量的敏感带来的是一种心理负担。洛克说："人生的磨难是很多的，所以我们不可对于每一件轻微的伤害都过于敏感。在生活磨难面前，精神上的坚强和无动于衷是我们抵抗罪恶和人生意外的最好武器。"因此，不要太敏感，只有适度降低敏感度，你才有可能成为一名勇士。

心理测试：测测你的敏感度

敏感是一种性格特质，敏感过头就是神经质。下面的敏感度测试有A、B两组问题，共48题。在回答问题时，请按照自己的实际情况，逐题回答并填入分数。

0分：完全不符合。

1分：几乎不符合。

2分：有一点符合。

3分：几乎符合。

4分：完全符合。

A组

1. 听到优美的音乐会觉得兴奋。（　）

2. 每天花许多心力预测各种可能的失败，并准备回应对策。（　）

3. 善于察觉新的可能性或选择。（　）

4. 灵感源源不绝，常想出许多好点子。（　）

5. 知道世界上存在着许多不是耳听或眼见为凭的事物。（　）

6. 非常怕痛。（　）

7. 别人眼里微不足道的小事会让你深受打击。（ ）

8. 每天都需要时间独处。（ ）

9. 独处再久都不觉得累，跟外人在一起不到两三个小时就不行了。（ ）

10. 一发现气氛变得很僵，就想赶快逃离现场。（ ）

11. 旁人发怒的对象就算不是自己，也会倍感压力。（ ）

12. 对他人受到的伤痛深入神经般地感同身受。（ ）

13. 想尽一切办法只为了避开让人不快的惊讶或误解。（ ）

14. 充满创意。（ ）

15. 欣赏艺术作品时常深受感动。（ ）

16. 面对大量资讯或刺激时容易焦虑。（ ）

17. 不喜欢到游乐园、大型购物中心、体育馆等热闹的地方。（ ）

18. 看到电视上的暴力画面，情绪会被影响好几天。（ ）

19. 比一般人更愿意花时间在思考上。（ ）

20. 善于观察动植物的各种微小变化。（ ）

21. 在大自然的包围下心情特别舒畅。（ ）

22. 善于观察身边人的情绪。（ ）

23. 做出违背本心的决定时会很愧疚，充满罪恶感。（ ）

24. 工作时如果有人盯着你看会浑身不自在。（ ）

25. 善于看透真相，拥有察觉欺瞒的能力。（ ）

26. 容易受到惊吓。（ ）

27. 善于与人深入交流。（ ）

28. 他人觉得还好的声音，你却觉得特别刺耳。（ ）

29. 直觉很准。（ ）

30. 很享受独处。（ ）

31. 极少冲动行事，习惯深思熟虑后再行动。（ ）

32. 对噪音、强烈的气味、强光感到困扰。（ ）

33. 常常需要到安静的空间稍微喘口气。（ ）

34. 饥饿或寒冷的感觉会一直在脑中挥之不去。（ ）

35. 很容易感动落泪。（ ）

A组　合计____分

B组

1. 即使无法事先准备，也乐于接受新挑战。（ ）

2. 当事情顺着计划走时，心里会特别得意。（ ）

3. 对社交场合乐此不疲。（ ）

4. 喜爱生存体验营。（ ）

5. 享受在压力中工作。（ ）

6. 觉得人生若有不如意，问题大多在当事人自己身上。（ ）

7. 不受外界太大影响，随时都能保持活力。（ ）

8. 参加聚会都是最后离开的那一个。（ ）

9. 很少杞人忧天，凡事都能冷静应对。（ ）

10. 周末喜欢跟朋友聚会，不需要刻意离开喘口气。（ ）

11. 喜爱朋友的突然到访。（ ）

12. 不太重视睡眠，睡一下就行。（ ）

13. 喜欢放烟火。（　）

B组　合计____分

计分方法

将A组得分减去B组得分后，便是你的敏感度指数。

结果分析

估算的数值得分越高表示越敏感。60分以上，表示你可能是高敏感族。

屏蔽过多的感官刺激

许多人每天都会从周围的环境和社交网络中获取大量信息，尤其是敏感型的人会受到大量刺激。降低敏感度的关键做法是，适当地屏蔽信息流，给自己留出时间和空间，以便消化新信息。

感官刺激如对眼睛的光刺激、对耳朵的声音刺激、对皮肤的温度刺激等，不同的环境刺激作用于不同的感觉器官，个体会产生不同的心理反应。在充满感官刺激的环境中，敏感型的人通常无法忍受，有着不愉快的体验。比如，下面的案例中，罗磊就有着这样的经历。

在办公室，罗磊早就听说了部门工作调整的消息，接着领导又提出，部门还要多接一份活。听到这里，罗磊只想尖叫"不不，我不想再听下去了"，然后冲出办公室。当然，他还是乖乖地坐在座位上，但接下来的一下午他都心乱如麻。

对敏感型的人来说，最佳受刺激水平通常会低于外向型的人的。如果你是这样的人，那么你面临的巨大挑战是如何保护自己，避免受到过度刺激。

1. 适当限制新闻信息的接收量

很多人都觉得及时了解世界上发生的新鲜事是很有必要的。但媒体总会报道各种各样的冲突，如果你看到或听到这样的新闻太多，就很容易形成错误印象，认为世界上的暴力会多于爱。尤其是敏感型的人，会使自己情绪低落、内心不安。

浪费精力去了解世界上每天发生的事，对任何人来说都是没有好处的。你的能量和精力只会被这些负面新闻消耗。因此，建议你适当限制这类新闻信息的接收量。

2. 减少过量的人际交往

敏感的人在工作的时候，如果不被别人看见脸，则更容易专心工作。他们注意力高度集中的时候面部肌肉会放松，看起来似乎显得情绪低落，其他人看到只会比较担忧。

对敏感型的人来说，想要不失礼貌地拒绝社交往来是很困难的。在生活和工作中，许多敏感型的人进行的交际远远超出他们能承受的范围。他们可以用耳塞、耳罩或墨镜等作为自己的保护工具，以减少过量的人际交往。

小知识

　　心理学家伊莱恩·阿伦认为敏感型人格是天生的,但也会受到精神创伤的诱发。根据心理学家的说法,人生来就具有某种可塑性,既能发展成内向型人格,也能发展成外向型人格,但环境因素会推动人们朝不同的方向发展,形成不同的人格类型。

Chapter6　降低敏感度，减少没有必要的内心消耗

别让良心不安牵着你的鼻子走

<u>良心不安是一种心理信号，是人意识到自己的行为越过或即将越过自我界限的警告。如果你总是战战兢兢，不希望辜负别人的期待，最终就会疲劳过度，甚至丧失自我。</u>

良心是一定的社会关系和道德关系的反映，是人们的各种道德情感、情绪在自我意识中的统一，是人们在履行对他人和社会的义务过程中形成的道德责任感和自我评价能力。

根据弗洛伊德的观点，在一个人的成长过程中，良心的产生要经历两个阶段。一是青少年阶段。处于这个阶段的孩子之所以不做坏事，是因为害怕失去他最亲近的人的爱。二是成人阶段。随着社会规范的不断内化，个人转向了对超我的恐惧，真正的良心在这个阶段产生了。

恰到好处的良心不安可以解决问题，提醒自己哪些方面需要改进。但不合时宜地出现良心不安会使自己非常疲劳。

反脆弱心理学

案例1：在超市的收银台前有位先生排在了董浩的前面。这位先生结账时还差5块钱。董浩看到后，很想帮助他，但当时觉得不好意思，最终没有将自己的想法付诸行动。回到家后，董浩觉得良心很不安，总想着要是当时能帮助他就好了。

案例2：杨洋因为压力过大请了几天假休息。领导告诉她，在接下来的几天中要照顾好自己。但是，家里人习惯了有问题就找她解决，于是让她照顾孩子、出门买菜等。杨洋说自己没精力，家里人就大发脾气，很不理解她既不上班，也不做家里的杂活。杨洋感到良心不安，担心自己的拒绝会让家人无法接受。心里总想：要是他们失望、恼火或说自己坏话怎么办？别人会不会觉得自己很自私，只管自己不管别人？顾虑不安后，她最终还是决定听家里人的"指挥"。

案例1中的良心不安是恰到好处的，而案例2中的良心不安是不合时宜的。杨洋无法忍受良心的折磨，最终还是满足了家人的要求。这不仅使她压力倍增，还使她的身体健康得不到快速恢复。从长远来看，她应该拒绝做自己没精力应付的事情，这样才能减少压力，恢复健康。

容易出现不合时宜的良心不安的大多属于敏感型的人。这类良心不安其实是害怕别人对自己产生负面情绪，比如总担心别人生气等。如果你很难应付别人的负面情绪，也很难解决自己的良心不安，就会千方百计地避免给人留下坏印象。或许，你会拿着寻找错误的放大镜,不放过自己最微小的缺陷,希望赶在别人发现之前加以改正;或许,你会试着变成别人希望看到的模样,以避免自己的良心不安。但是,这样做很容易陷入恶性循环,最终使你感到筋疲力尽。

应对这类良心不安,你可以使用暴露疗法。也就是说,要习惯良心不安。你可以对自己说:"我现在可能良心不安,但我什么也没做错。我会努力适应这种感觉,这样才有可能优先考虑我觉得该做的事,而不是别人希望我做的事。"总之,不要总让良心不安牵着你的鼻子走,尤其是敏感型的人。

小知识

做任何决定之前,最重要的是以自己的价值观为导向。你的价值观可能包含了爱、真相、社会道德、环境保护、忠诚、自由等诸多方面。找到自己最重视的是什么,弄清楚自己希望过什么样的生活,并坚定不移地付诸实践,这能为你带来巨大的满足感。

放下面子，减轻内心的负重

<u>面子是个体借由行为或社会性资源展现其自我价值，寻求他人的确认且受到意外的认同时，凸现于个体内心的自我价值与相应体验。</u>

"人活一张脸，树活一张皮"，许多人都好面子。有些人明知道自己犯了错，却怕承认错误会没面子，最终选择掩饰；有些人在讨论中怕伤了和气，有好想法也不说出来；也有人刚遭遇一点失败和挫折，就担心被说成是失败者，于是直接放弃。但过于看重面子，正说明内心的脆弱，这对敏感的人来说，实在是大忌。

从前，在日本有一个叫"秽多"的阶层，是身份最卑微、最受人鄙弃的一个群体。不论一个人有多么正直善良，只要出身于秽多阶层，那么他随时都会被人投来嫌恶的目光。

Chapter6　降低敏感度，减少没有必要的内心消耗

丑松出身于秽多阶层，是小镇上的小学教师。从小丑松的父亲就告诫他，千万不要暴露自己的真实身份，要想过正常生活，隐瞒出身是唯一的出路。但一直以来，出身的隐痛和父亲的告诫在丑松的心中成了一个始终无法打开的结。

直到他遇到了同样出身秽多阶层的猪子莲太郎。这个人公开了自己的真实身份，并同社会上的歧视、偏见展开了一系列的斗争，后来不幸遇害。众人得知了他的事件后，都纷纷因他的为人高尚而对他非常敬佩。

丑松受到了这位恩师良友的鼓舞，最终下定决心向众人坦承自己的秽多出身。出乎他意料的是，周围的人对他保持了一贯的友好态度：好友继续为他东奔西走，全校学生一起向校长请愿希望将他留下来，而爱他的女孩儿也对他一如既往地好。

在丑松放下面子，勇敢说出真相后，他感觉自己呼吸到了人生的新鲜空气，迎来了一个全新的自己，从此内心获得了解脱。

过于看重面子，就会让身心处于极度疲惫的状态。人与人之间应该是平等的，卸下面具，坦诚相待，才会使彼此的交流畅通无阻。过于爱面子的敏感者，是时候走出自我营造的虚幻宝塔了，当我们鼓起勇气面对生命中的阴影和不足时，我们头顶的阳光必定更加灿烂，我们的生活也将少苦多甜。

小知识

　　自我价值是面子的内核。自我价值是个体对自我的"有用性"及"有用程度"的主观判断，它源于自我的觉醒，是自我意识的重要内容。确立与确认自我价值是人的基本需要，能力和成就是衡量个体价值的根本依据。个体依据自身的能力和成就确立自我价值，同时产生相应的认同诉求，即确认自我价值的需要。

Chapter6　降低敏感度，减少没有必要的内心消耗

勿树立太多的假想敌

<u>生活中有些人总是有意无意地给自己树立一个假想敌，而且会花费大量的心理能量同这个对手"作战"，把自己搞得疲惫不堪。</u>

所谓"假想敌"，就是根本不存在的敌人，只是内心虚设的一个对手，也就是由人的主观意志臆想出来的敌人。在心理学上，这种广树假想敌的做法被当成一种相对剥夺感的条件反射。相对剥夺感是指当人们将自己的处境与某种标准或参照物做比较时，发现自己处于劣势或没有满足预想而产生的被剥夺感。

另外，这类人都有一个共同的性格特征——敏感多疑。其实，这种敏感多疑是一种心理防御机制，比如害怕自己在竞争中失利，于是把每一个可能存在的竞争对手都当成敌人，并时刻幻想着如何打败他们。

吴先生在英国留学多年，取得博士学位后就回到了国内某重点高校当教师。两三年后，由于吴先生成绩斐然，在学术上也颇有建

树，学校对他很认可，将他确立为学术带头人，并且破格提升他为教授。本来吴先生是喜事连连，但他日益感到不堪承受的压力。他总是觉得周围的同事都暗暗与他较量，争相搞科研、发表论文，而且他还觉得有人总在背后议论他，说他的位置是靠"洋文凭"才得到的，这些都让他很难忍受。

在很长的一段时间中，吴先生在同事的追赶下，越来越喘不过气。到后来只要一到学校，他就本能地出现身体上的不适，如胸闷、心慌等。更为严重的是，有一次做学术报告，他竟然差点说不出话来。吴先生担心自己的身体出现了问题，就去医院做检查，但发现身体各项指标均属正常。医生了解情况后，建议他看看心理科。

吴先生的案例可以说是很多成功人士经常面临的。由于社会中的竞争非常激烈，许多人不得不调用心理防御机制。尤其在职场中，同事之间不可避免地存在利益关系，有时人们会将与自己旗鼓相当的优秀同事当作假想的对手，认为对方时刻都在与自己竞争。但树立太多的假想敌，容易使自己的心理和身体处于高度紧张的应激状态，就如案例中的吴先生一样，身心都出现了问题。

其实，究其原因，假想敌的产生有三个方面：一是自尊心作祟，二是自信心不足，三是安全感不足。

长期树立过多的假想敌会给工作和生活带来很大的冲击。比如，它会破坏人与人之间的和谐关系，分散人的精力和专注度，导致严重的嫉妒心理，等等。因此，我们要注意避免此类情况的发生。那么，具体该如何去做呢？

1. 理性思考假想敌的积极和消极作用

假想敌的积极作用就是能帮助我们完善自我。它像一根策马之鞭，令人时常神经兴奋，满腔热情，时时有着想奋力奔跑的动力。假想敌的消极作用是会给自己带来被束缚和控制感，使自己困在焦躁、郁闷、无望的消极情绪中，阻碍自己的发展。

2. 正视个人的想法，走出受害者的心态

喜欢树立假想敌的人，大多有受害者的心结。在他们看来，外部环境和人心很险恶，而自己却不得不承受这种恶意的对待。这种受害者的心态使他们看不到自己的不足。因此，喜欢树立假想敌的人要用科学的态度来判断自己的想法，而不是以自我保护的名义来维持自己的偏见。

3. 不断完善自我，建立内心的安全感

一个人安全感的不足会导致内心太多假想敌的出现。因此，这需要我们不断完善自我，调整心态，正确协调与外部环境的关系，这样才能走出四面楚歌的内心交战。

小知识

这个世界并不存在那么多的假想敌，把一句很简单的话当成一种攻讦，把别人一个简单的举动当成一种冒犯，这都只是由于我们在思考中掺杂了太多的主观因素。

反脆弱心理学

不要太在意别人的看法

<u>敏感的人很在意别人的看法，但过了头，就会给自己的内心造成很大的负担。所谓众口难调，我们不可能做得让每个人都满意。过于敏感的人要懂得适当忽略别人的一些看法。</u>

中国人很讲究"度"，凡事要讲究分寸，所谓过犹不及，任何事情超过了限度，就会走向反面。如同米兰·昆德拉的《不能承受的生命之轻》中的庶务官一样，过于在意别人的看法，结果竟成了不能承受的生命之重。

在一个美好的晚上，一位庶务官坐在剧院的第二排座椅上，正拿着望远镜观看歌剧《科尔涅维利的钟声》。但突然间，他的脸皱起来，眼睛往上翻，呼吸停住了……他放下望远镜，低下头，便……阿嚏一声，他打了一个喷嚏。

无论是谁，打个喷嚏都是司空见惯的事。他如往常一样掏出小手绢擦擦脸，有教养地看看是否溅到了别人。但这时他不由得慌张起来。他看到坐在他前面的第一排座椅上的一个小老头，正用手套使劲擦他的头和脖子，嘴里还嘟嘟囔囔着什么。

庶务官心想：一定是我的喷嚏溅着他了，应当向他赔个不是才对。于是，他咳嗽一声，身子探向前去，凑着老人的耳朵小声说："请您原谅，我的唾沫溅着您了……我出于无心……"

老人摆摆手说："没什么，没什么。""请您一定要原谅我，我真的不是有意的。""唉，请坐下吧！让我好好听歌剧好吧！"

庶务官坐下来，可是心里的不安加重了。在幕间休息时，他又走到老人的跟前去道歉。老人不耐烦地嘴一撇："我都忘记了，你怎么总是提呢！"

老人凶巴巴的眼神让他心里更加忐忑不安：他肯定认为我是故意的。第二天，庶务官打听到那位老人是位将军，便穿上制服专门去将军家里道歉。然而几次三番的道歉，使将军哭笑不得。最终，将军忍无可忍，大喝一声："滚出去！"

庶务官听后，什么也看不见，什么也听不着了，他一步步往后退出了将军的家。回到家后，他便倒在沙发上，带着不安与绝望再也起不来了。

庶务官对别人的反应敏感过了头，过于在意别人的看法，于是，这个喷嚏成了压死他的最后一根稻草。当然，上面的案例有些夸张，但这生动说明了过于敏感的人的一个明显特征：太在意他人的看法。

"在乎自己在他人眼中形象的人会极力想象通过他人双眼看到

的自己，即最初的第一人称视角会变成第三人称视角。此时在额头上写下文字的话，就会变成在他人看来是正确的方向。"太在意他人的想法，会给自己的内心平添太多负担，也使我们发挥不出应有的实力。实际上，你必须清楚地意识到这一点：并没有多少人在关注你，也并没有多少人对你有什么看法。因此，过于敏感的人要懂得调整自己的心态，学习更好地看待别人的想法和观点。

> **小知识**
>
> 太在意自己心中的假想敌，以他人的视角来看自己，这种行为被称作"第三人称视角"，也就是在游戏中能通过摄像机看到自己全貌的视角。而第一人称视角则是凭借自己的双眼来观察眼前发生的一切。

Chapter6　降低敏感度，减少没有必要的内心消耗

勇于放手，偏执不可取

偏执是偏重于一边的执着。它是指自我援引性优势观念或妄想，常见的有被害、爱、恨、嫉妒、赞美、夸大等。

"只有偏执狂才能生存"是英特尔公司前董事会主席安迪·格鲁夫抛出的一句论调。之后偏执狂似乎一夜之间变成了一个"高大上"的称谓，因为那些能将产品做到极致和趋近完美的人，似乎多少都有些偏执的特质。但很多人可能忘了，偏执原本就是病态的。

《中国精神疾病分类方案与诊断标准》中将偏执型人格的特征描述为以下几点。符合其中三点以上，方可认为是偏执型人格障碍。

- 广泛猜疑，常常将他人无意的、非恶意的甚至友好的行为误解为歧视或敌意，或无足够根据，怀疑会被人利用或伤害，因此过分警惕与防卫。
- 将周围事物解释为不符合实际情况的"阴谋"，并可能发展为超价观念。

- 容易产生病态嫉妒。
- 过分自负，如果有挫折或失败则归咎于人，总认为自己是正确的。
- 好嫉恨别人，不能宽容他人的错误。
- 脱离实际地好辩与敌对，固执地追求不够合理的个人"权利"或利益。
- 忽视或不相信与自己想法不相符合的客观证据。因而很难因说理或事实来改变自己的想法。
- 存在"宁可我负天下人，休叫天下人负我"的心态。

下面我们可以先来看一个这样的案例：

从前，有一位渔夫是出海打鱼的好手。但他有一个习惯，就是每次打鱼的时候都要立下誓言。一年春天，他在集市上听到一个消息，说墨鱼的价格将越涨越高，于是他立下誓言这次出海只捕捞墨鱼，好好赚它一笔，却完全不顾朋友对他讲的物极必反的道理。结果这次鱼汛带来的全是螃蟹，他非常懊恼地空手而归。回去之后，他听说集市上螃蟹的价格是最高的，懊悔不已，并发誓下次出海一定要捕捞螃蟹。虽然朋友告诉他不要只把精力放在螃蟹上，但是渔夫还是没听进去。

第二次出海，他把注意力全放在了螃蟹上，可这次遇到的全是墨鱼，他回来的时候又是两手空空。他懊悔地发誓，下次出海不管是螃蟹还是墨鱼全都捕捞。

第三次出海，渔夫没有捕捞到螃蟹，也没有捕捞到墨鱼，只有一些马鲛鱼。于是,渔夫再次空手而归……还没等到下次出海,渔夫就在饥寒交迫中死去了。

渔夫之所以如此悲惨,是因为他偏执,不善于变换思维和方法,也从不听别人的建议和劝慰,而是偏执地认为自己的想法是最好的。

生活中,许多人多多少少有些偏执。其实这并不可怕,只要我们愿意寻找正确的方法,相信偏执的思维和行为就会有所改善。

1. 认知提高法

由于偏执的人对别人不信任、敏感多疑,不容易接受对方的善意、忠告,因此首先要与对方建立信任的关系,并在相互信任的基础上交流情感,使其对自己有一个正确和客观的认识,并自觉、自愿产生要求改变自身人格缺陷的愿望。

2. 交友训练法

偏执的人可以在交友中学会信任别人,消除不安感。交友训练的原则和要领包括以下几点。

- 真诚相见,以诚交心。
- 交往中尽量主动给予知心朋友各种帮助,这有助于以心换心,取得对方的信任和巩固友谊。
- 注意交友的"心理相容原则"。性格、脾气的相似和一致,有助于心理相容,搞好朋友关系。

小知识

　　固执是人的某种固有观念很难改变，表现为一意孤行、不愿听别人的意见，它不是一种心理障碍；偏执的人也会有较固执的思想，但它更趋向于对自我认识过于妄想和自负而无视他人，以及对事情的过于固执和极端。长期被偏执的思想困扰，最终可能导致偏执型的人格障碍。

延伸阅读——内向型+高敏感型

1921年，卡尔·荣格首次全面描述了内向型和外向型人格。从那时起，关于世界上有多少内向型的人，各类研究众说纷纭。研究显示，内向型的人占总人口的30%~50%。内向型的人有以下具体特征。

1. 喜欢独处

对于内向型的人来说，孤独是一种享受，他们通常也热爱大自然。在大自然中，他们可以独自漫游，或跟话不多的人相伴漫步。如果要随时跟身边的人交流，他们很快就会感到不堪重负。

2. 有更丰富的内心世界

根据卡尔·荣格的说法，外向型的人主要对外部世界感兴趣，尤其是人和活动。相比之下，内向型的人更关注内心世界，尤其是自己或他人的思维、梦想、渴望和幻想。内向型的人不会被精彩纷呈的外部世界吸引，他们更感兴趣的是外界让自己产生的感受，以及寻找事情背后的意义。

3. 做决定多会听从内心

对内向型的人来说，重要的是必须做出自己觉得正确的决定。

这并不意味着他们不会从外界寻找相关信息，但最终决定取决于他们觉得这么做是否正确。

事实上，大多内向型的人都很敏感。比如，《红楼梦》中的林黛玉就是一个内向而又敏感的人。有一次，生病的林黛玉听到外面有一个人嚷道："你这不成人的小蹄子！你是个什么东西，来这园子里头混搅。"其实，人家老婆子不过是在骂自己的外孙女，可内向敏感的林黛玉却疑心对方是在指桑骂槐，怪她不该住在这里，于是伤心得哭晕过去，又添一重心病。

但并非所有内向型的人都属于敏感型的人。尽管世界上有30%～50%的人属于内向型，但只有15%～20%的人被认为是高敏感型。那么，可能有人会产生这样的疑问：是不是所有高敏感型的人都属于内向型？起初，心理学家伊莱恩·阿伦是这么认为的。她对高敏感型特征的描述，显然是基于荣格对内向型人格的描述。但后来，她对自己原先的说法做了微调。

后来，伊莱恩·阿伦提出，高敏感型人中有30%属于外向型。这里的外向型指的是"社交外向型"，就是喜欢结识陌生人，在人群中如鱼得水。这与荣格提到的外向型是截然不同的——他提到的外向型的人擅长掌控场面，更愿意冒险，尽可能抓住机会发言，不会三思而后行。因此，伊莱恩·阿伦所说的高敏感型的人兼具了荣格所说的内向型和外向型人格的部分特质。

Chapter 7

提高抗压能力，
不断培养逆境中的强韧心理

在生活和工作中，每个人都难免遇到这样和那样的压力，而这时我们需要的不是灰心丧气、瞻前顾后，而是让我们笑对逆境、见招拆招、原地"满血复活"的强韧内心。

马库斯·白金汉说："我们中的很多人感到压力过大、无所适从，不是因为我们承受得太多，而是因为那些真正能让我们强大的东西，我们接受得太少。"因此，每一个脆弱的人都需要去磨炼和提升，从而建立强大的内心。

心理测试：你的抗压能力如何？

在生活和工作中，压力常常围绕在我们的身边，但每个人在压力面前的表现是不同的。有些人在做事情前一想到压力就想逃避；有些人能够承受一些压力，但是一旦压力稍有点大，就会做出不理智的行为；还有些人，不论压力有多大，都能理智地处理，越战越强。

下面就来测测你的抗压能力如何吧。请你根据问题选出与自身情况最相近的答案，并记录下你所选A、B、C的数量。

1. 朋友生日聚会需要送礼物，你会怎么做？

A. 不去参加，免得花钱买礼物

B. 无所谓花钱多少，选择最合适的礼物去参加聚会

C. 有选择性地参加聚会，选择便宜精致的小礼物

2. 给客户设计的方案出了问题，需要约客户出来详谈，你会怎么做？

A. 在没有解决问题前，觉得很焦虑，以致影响睡眠

B. 觉得很正常，自己能够轻松应对，并不影响正常工作和生活

C. 先放在一边，直到最后期限时才思考如何解决这个问题

3. 你与邻居因为琐事发生了争吵，而且问题并没有得到解决，你会怎么做？

A. 先回家喝酒，暂时忘记这个烦心事

B. 找街委会或物业进行投诉

C. 出门散散心来平复一下心情

4. 当因压力感到烦躁而与家人发生口角时，你会怎么做？

A. 争吵后保持沉默，不想说话，不想解释

B. 事后找机会与家人好好地谈心，寻找问题产生的根源并改进

C. 向其他人倾诉，寻找认同

5. 当食物价格上升，影响到你的生活起居，你会怎么做？

A. 每每看到物价上升，就愤愤不平，抱怨物价涨而工资不涨

B. 根据自身习惯重新规划饮食结构，设法少花钱

C. 拒绝调整饮食结构，觉得多花一些钱也无所谓

6. 一天，公司因为认可你的能力而安排了一项具有挑战性的工作给你，你会怎么做？

A. 认为工作强度太大，考虑推荐其他人顶替自己

B. 调查新工作的内容，并为其做准备

C. 会怀疑自己能否胜任这份工作

7. 假设你得知最亲近的人出了事故住院了，你会怎么做？

A. 找医生开舒缓情绪的药物，强打精神

B. 得知消息后就大声哭了起来，因为觉得哭出来会好受一些

C. 压抑自己的情绪，在别人面前装作坚强

8. 有一天你突然感觉很不舒服，但又没有显性的症状，你会怎

么做?

 A. 不去理会，一直拖着，认为身体过一段时间就会好

 B. 与亲人商量，让亲人陪你去就医

 C. 查找一些医学书籍，进行自我治疗

计分方法

选A计3分，选B计1分，选C计2分。计分，然后算出总分。

结果分析

得分	分析
8~12分，你有很强的抗压能力	你有很强的抗压能力和心理调节能力，面对不同压力都能运用最适合的方式进行调节，无论生活中还是工作中你都乐于承担更艰巨的挑战
13~19分，你有良好的抗压能力	你有一定的抗压能力，对生活中遇到的大部分压力都能适当地进行减压。但因自身调节能力有限，需多注意不要承担过重的任务而导致压力过大影响身心健康
20~24分，你的抗压能力较弱	你对压力敏感，讨厌承担各种责任以躲避压力，感到压力过大时会容易表现出或烦躁或抑郁的不稳定精神状态

走出舒适圈，努力去完成一件难的事

<u>困难是一笔财富、一种机会。努力去完成一件难的事，不仅能检验我们的能力，还能考验我们的自信。相信一次次地坚持，我们终将练就强大的内心。</u>

舒适圈最早是地理上的概念，用来形容那些气候宜人、四季如春的地区。随后，它慢慢衍生出了心理学的含义：人把自己的行为限定在一定的范围内，对这个范围内的人、事都非常熟悉，从而有把握保持稳定的行为表现。

有一位非常优秀的教授带了6个研究生。第二天他的学生就要各奔东西，走向工作岗位了。教授请这些学生聚餐话别，实际上也是给他们上了最后一课。

在聚餐的过程中，他们请教授赠言。可教授一句话也没有说，只是拿起笔在一张白纸上画了一个大圈，又在圈的中央画了一个人。接着，他在圈中又加入了一座房子、一辆车和一些朋友。这时，教授说:"这是你的舒适圈，在这个圈里的东西对你很重要。你在这个圈里头也会觉得自在和安全。现在，谁能告诉我，走出这个舒适圈后，会怎样呢?"

刚开始大家都不说话，不一会儿，一位学生大声回答道:"会很害怕。"另一位则回答:"会犯错。"教授笑着问:"你犯了错，接着又如何做呢?"第三位学生回答:"我会从中学习到一些东西。""对了，当你离开舒适圈后，会容易犯错，犯错后你会学到以前不知道的东西，增长自己的见识。"教授又在圈子之外增加了一些新的东西，如更多的朋友。

大家听后都点点头，明白了教授刚才的一番话。

的确，长时间地待在自己的舒适圈内，就不容易觉察到真正的压力，或习惯用自我麻痹来勉强应对外界的压力。但如果你总是在自己的舒适圈里头打转，你就永远无法扩大自己的视野，永远无法学到新的东西。只有当你跨出舒适圈以后，你才能使自己人生的圆圈变大，才能把自己塑造成一个更优秀的人。

为了能走出自己的舒适圈，你可以坚持去做一件艰难的事情。比如每天打卡记忆50个英文单词等。著名画家毕加索说:"我总是在做我不会做的事，为的是从中学习怎样去做。"我们在完成一件艰难的事情时，难免会受人质疑。但我们要坚信自己的能力，同时宽容别人的怀疑。就像英国诗人的诗句一样，全世界都怀疑你，你只能相信自己，但也要体谅他们的质疑。

Chapter 7　提高抗压能力，不断培养逆境中的强韧心理

> **小知识**
>
> 当你在做一件艰难的事情时，要注意区分压力的等级，以便适时地调整自己的策略，保持健康的状态。压力有四个等级：挑战级（坦然接受并小心应对）、压力级（使用合适的应对机制并保持健康和理智）、重压级（重视重压信息并寻求他人的帮助）和痛苦级（找到问题所在并寻求专业帮助）。

反脆弱心理学

正确理解失败,才能不害怕失败

<u>我们在失败时容易变得慌张、急躁、自责,这会导致我们陷入回避新行动的恶性循环。在遇到失败后,我们要分清哪些是好的失败,哪些是坏的失败,不能一想到没成功就立刻出现各种消极的情绪。</u>

失败是人生经历的一部分,或许很多人有过这样的失败:没有考入自己理想的大学,没有得到一份完美的工作,或是失业了……那么,什么是失败呢?失败是对某件事效果的评价,仅此而已。然而人们的理解却不尽相同。

每个人都渴望成功,不想失败。因此,人们在失败后很容易陷入一种恶性循环,这个恶性循环基本如下:

- 体验失败后,陷入慌乱,停止思考。
- 开始自责,产生各种消极情绪。
- 消极情绪不断循环和加重。
- 回避可能产生不愉快的体验的行动。
- 当认为自己对不愉快的处境无能为力时,产生无力感。

如果我们想要处理好自己的失败，就应该尽量避免陷入这个恶性循环。最重要的是冷静地分析理解失败到底属于哪一种，因为失败也分好的失败和坏的失败。

美国哈佛商学院的艾米·艾德蒙森教授将失败分为三种：可以预知的失败、不可避免的失败和智慧型的失败。

1. 可以预知的失败

因注意力不够、精神无法集中而造成的失败就是一个典型例子。

东东是个聪明伶俐的孩子，但特别爱玩游戏。为了控制东东玩游戏的时间，他的父母费尽了心思，每天晚上都监督东东完成作业，之后才让他在规定的时间内玩一会儿游戏。

考试前一晚，由于东东的爸爸妈妈有一些急事出门了，把东东一个人留在了家里，让他自己复习课本，准备第二天的考试。谁知东东一听到父母出门，就开始肆意地玩起了游戏，一直到很晚。

第二天，在考试的整个过程中，东东没有一点精神，导致考试没有及格。其实，按照东东平时的成绩表现，是不可能连及格都达不到的。

东东考试的失败，主要是因为没有控制住自己的玩心，没有按计划复习功课、早休息。这样的失败是可以预知的、可以避免的。

2. 不可避免的失败

不可避免的失败，是复杂流程等环境因素造成的失误和麻烦导致的。这种失败多数发生在前景模糊、存在不确定性的工作项目中。另外,使自己卷入无法控制的问题中而产生的失败也属于这一类。比如工作上自己没有决定权,而有决定权的领导又出现了错误的判断,这种情况就是不可避免的失败。

当我们遇到这类失败后,最重要的是不要过度自责或过度内疚。

3. 智慧型的失败

智慧型的失败可以理解为"有价值的失败"。这个概念由美国杜克大学的西姆·希特金教授所创。

比如,在实验领域,它是为了证明方案和设计可行的试验项目或是探索新措施的试行方案。

总之,我们要认识到,失败的对立面不是成功,不能将两者理解成是矛盾对立的,而应从失败中找寻可汲取的经验和教训,才能促进个人的成长和进步。

> **小知识**
>
> 习得性无助是指由于连续的失败体验而导致的个体对行为结果感到无法控制、无能为力、自暴自弃的心理状态。它是由美国心理学家马丁·塞利格曼1967年在研究动物时提出的。人们在产生无力感后,通常有三方面的表现:动机上的损伤或降低,认知上的障碍(如学习能力减弱),情绪上的创伤或失调。

发挥自我优势,培养逆境中的积极心理

人们总是很清楚别人的优势和劣势,却很难发现自己的优势和劣势。但实际上,一个把握不住自己优势的人也很难发现他人的优势,因为他没有聚集自我优势的思维结构,没有确切表现优势的语言习惯。

抗压能力强的人都有这样的特征:能把握自己的优势。相反,那些抗压能力弱的人总认为自己没有什么优势,做起事情来总是因为自己的弱点而缩手缩脚。其实,我们的内心都藏有优势,只不过在日常生活中忽略了而已。

优势会让人们跃跃欲试,充满热情和活力,并让人们涌出再度发挥自我优势的渴望。美国管理学家彼得·德鲁克有一句关于优势的名言:能不能成功取决于自我优势,弱点不能促进自我成长。在心理学上,优势是指存在于内部的真正给予人活力、促进人发挥最大潜能走向成功的素质。

那么,如何才能发现自己真正的优势呢?这里主要有两种方法：第一种是利用优势诊断工具来把握，第二种是接受可信赖的人的优势指导。

1. 测试优势的三大工具

心理学家开发了三种典型的优势测试工具：盖洛普优势识别器、VIA-IS、Realise2。下面将给大家详细介绍每个工具。

（1）盖洛普优势识别器

这个工具是由美国心理学家唐纳德·克里夫顿开发的，它是全球商业人士使用最多的优势诊断工具。

盖洛普优势识别器主要由34个关于才能的主题构成，这些才能主要是通过对在商业活动上表现出色的人才的调查研究得出的。在这个测试中有177个问题，盖洛普优势识别器通过分析每个测试者对177组配对陈述的本能反应，将每个人作为独特个体最自然的思考、感受和行为方式的重要线索汇集在一起，并以报告的形式呈现。

（2）VIA-IS

VIA-IS是由积极心理学的创始人之一克里斯托弗·彼得森博士开发的。马丁·塞利格曼也促进了这项研究的开发。

在开发这项研究的过程中，克里斯托弗·彼得森博士很重视普遍性和广泛性，他和一流学者组成的队伍调查了古往今来东西方的各个相关领域，阅读了几千册书。最后，他们找到了人类普遍拥有的6种美德：智慧、勇气、仁慈、正义、节制和超然。但是，这些美德很抽象，必须做另一项研究才能利用和应用。因此每种美德又有了具体的24种品行的优势。

VIA-IS主张通过鉴别人的美德、力量与长处，并利用这些人格力量来获得积极的心态,实现自我和谐的奋斗旅程。

(3) Realise2

Realise2是英国积极心理学家亚历克斯·林利开发的。这个诊断测试除了发现自己的优势外,主要特征是多角度分析和理解自我的弱点。

2. 优势指导

优势指导就是将自己理所当然的能力可视化,并将其定义为优势。在这里,我们需要注意几点内容。

(1) 优势指导需要选出自己可以信任的人

如果指导人本身的思维结构是"聚焦劣势"的"关注缺陷型",那么本人在接受指导时就会受到负面影响。要知道,将焦点集中在优势而不是劣势上,是最大限度挖掘他人潜力的捷径。

(2) 理解五大优势原则

我们要理解五大优势原则:所有的人都有优势,聚焦优势是取得成功的秘诀,我们最大的可能性在自我优势中,将自己的优势发挥到力所能及的小事上会带来大不同,很多成功来自充分发挥自我优势。

(3) 指导时要问的五个问题

关于优势指导,你需要问以下五个问题:什么是你最大的成就?你最喜欢自己的哪个方面?你做什么事情的时候最开心?你什么时候才会感到"这才是真正的自我"?自己的最佳时刻是什么时刻?那些不擅长把握、利用优势的人有很多,因此在提出这些问题时,不能催对方立刻回答。

反脆弱心理学

最后，只发现自我的优势还不够，我们还要将自己的优势活用到新的领域中，才能不断培养出逆境中的积极心理。

> **小知识**
>
> 一般人并不怎么利用优势，而是将更多的时间和精力花在克服劣势上。克服劣势能带来成就感和满足感。帮助别人克服劣势也会让人感觉很有意义，但克服劣势需要花费很多精力和时间。当然，这并不是要大家无视劣势，而是在对待劣势上要有一个正确的认识。

Chapter 7　提高抗压能力，不断培养逆境中的强韧心理

坦然面对改变，提升适应新变化的能力

<u>在经历结婚、升职、买房等重要改变时，大多数人会产生巨大的压力。世界是不断变化的，你能否积极面对改变？你是否了解在发生改变时自己的反应模式？</u>

在一个不断改变的世界中，通常我们评价自身成就的标准是看自己是否有能力应对改变，这种应对方式在很大程度上给自己带来了压力。而且，这种能力已经成为生活和工作的主要技能，生活和工作的压力正源于此。

根据对待改变的态度，我们将人分成两类：一类是抗拒者或反对者，一类是接受者或回应者。下面，让我们看一下两者对改变的具体态度。

表7-1 对待改变的态度

抗拒者或反对者	接受者或回应者
没必要做出改变	我们需要改变
改变总是引来麻烦	改变创造机会
改变的成本太高	改变能带来利润
改变令人恐惧	改变令人兴奋
改变毁掉了过去的经验	改变使人重新开始学习

在上面的思想立场中,哪一些更能自然地引起你的共鸣呢?你又能在其他人身上发现哪些立场?如果你的思想立场偏左边的特征,那么你较难接受改变。同时,在回应方面,你会限制自己的选择。因此,依赖抗拒改变的思维方式会让你对改变和成功抱有消极的态度,永远对自己和他人提出质疑、担忧。

王磊是一位经验很丰富的销售经理,最近领导设计出了公司的结构性改变,这一改变是鼓励新产品开发和销售的驱动力之一。同时,这种改变会使王磊团队中一些人的角色发生变化。王磊不确定这一改变会不会有效,他担忧这会使手下有经验的员工感到不满和沮丧,因为这是10个月以来第三次重组了。

在公司,王磊整天处于犹豫不决和焦虑的状态。除了表达自己的担忧,他什么也没有做,这加剧了他和别人的怀疑,也让他们保留了更多的意见。

Chapter 7　提高抗压能力，不断培养逆境中的强韧心理

从王磊的表现可以看出，他是一个抗拒改变的人。在面对改变时，他带入了太多的个人情绪，这会让他失去对全局的把握，也不会看到改变给团队中的很多人带来的潜在利益。

在面对改变时，我们应接受"改变是不可避免的"这一现实，或者至少习惯这个现实：改变总会发生。另外，我们也要懂得应对重大改变带来的压力。通常，当改变发生时，会有以下反应：震惊，否认，自责，指责他人并发怒，不确定或困惑，接受，认可，联合制订行动计划。

关于如何应对改变，你可以在改变的每个阶段做出积极的回应和行动，相信一定能帮你克服那些消极的驱动和障碍。

1. 震惊阶段

尽最大努力，激励自己和他人付出更多的努力。

2. 否认阶段

接受现实，当然我们可以去质疑改变的合理性以及带来的影响，但不能不顾事实，假装什么也没发生。

3. 自责阶段

将"对自己的严厉"视为振作精神和保持高标准的一部分。

4. 指责他人并发怒阶段

对于目前的形势，你可能认为他人应当受到一部分指责。但更好的办法是，在那些能利用自己的积极反馈改变局势的人面前收敛自己的情绪，或寻找一个适当发泄情绪的渠道。

5. 不确定或困惑阶段

短时间内什么也不做,这情有可原。但强迫一切回归合理状态不会对自己和他人有任何益处。

6. 接受阶段

一般来说,承认事实的发生,承认变化是不可避免的,并且意识到自己从中能够获得收益,这就意味着你已经走到了这一步。

7. 认可阶段

承担一定程度的责任会让你产生一定的控制感,并且获得更多的选择。

8. 联合制订行动计划阶段

通过寻找支持与他人联合,让你有能力应对改变中出现的各种挫折和困难。

> **小知识**
>
> 上面提到的几个阶段,被称为"改变反应曲线"。它是最初由伊丽莎白·库布勒·罗斯研究出来的一个框架。这一框架来源于她对于如何支持人们度过创伤期或如何应对重大生活改变带来的压力的研究。目前,这个工具可以精确地描绘人们在各个领域面对改变时做出的反应。

Chapter 7 提高抗压能力,不断培养逆境中的强韧心理

减轻时间压力的十大方法

<u>时间压力是工作中很常见的压力,面对时间,有的人怨天尤人,抱怨时间对他不公;有的人却能轻松驾驭,取得事业上的成功。其关键在于使用时间的方式不同。</u>

在工作中,你是否出现过这样的情况:

• 工作非常努力,但总走错方向,尤其是做了大量对工作没有实际影响的事情。

• 针对一个问题,进行了太多的研究和分析,以至于无法做出决定,最终延误了工作。

• 确保自己在100%做好每件事之前不做他想,每次都要面面俱到。

• 重复别人的工作,并给每一项工作分配了相同的时间。

• 手头同时有很多工作,在每一份工作中你都是重要人物或主导人员。

如果你经常出现上面的情况,说明你的时间压力较大。换句话

说,你还没有一套解决沉重工作负担的时间管理方法。

下面就给大家介绍几种有效减轻时间压力的方法,具体如下。

1. 制订一份可以追踪并回顾的计划

最佳的计划要以合理的结果为基础,这样的结果要描述出明确的、自己想得到的产出和回报。当然,任何一份计划都应允许出现中断、改动、附加额外要求等变动。

你可以以天为单位来制订和完成计划。有些人在每天结束的时候都会对计划进行收尾,好让自己给每一天都画上句号,并为接下来的一天做好安排。

2. 为特定的活动预留时间

比如,在每天工作的最后抽出一点时间,总结一天完成的工作,决定应该暂停、推迟或快速解决哪些工作,就是一种很有效的方法。

3. 让别人知道自己何时有时间

安排好每天的时间,让其他人知道自己在一天的哪个时间段可以回复他们的询问、应对他们可能提出的要求。这才是合理的时间安排。

4. 明确说明自己的时间安排

无论何时,当你请求别人帮自己承担部分工作时,要尽可能地明确自己希望得到的回复以及希望得到回复的时间。

5. 在特定时间谨慎选择是否要解决别人提出的问题

在工作中被别人打断是很常见的事情。这时,你需要明确他人的要求是否重要、是否紧急。你可以通过下面几个问题来为他人提出的要求排列优先顺序：

- 我的最重要的工作与这个任务之间有什么关系？
- 我的实际工作要求是什么，别人给我的新任务是否符合我的工作要求？
- 这个新任务是否符合我们整个集体的大目标？
- 这个新任务在多大程度上能激励、挑战、刺激并满足我的需求？
- 为什么这个新任务在别人看来应该被优先对待？

6. 学会拒绝别人不断给自己的任务

在一天的工作中，其他人是否不断地把任务抛给你？如果是，那么你应考虑一下何时与这些同事或客户进行交流，讨论并明确哪些工作是不应由自己完成的，哪些工作是自己必须完成的。

7. 把时间用在能带来改变和影响的事情上

许多人把大量的时间和精力投入自己没有太多控制力和影响力的事物中。这样持续下去，人就很容易变得沮丧。因此，在工作中不要做无用功。

8. 对一个工作要预留10%的额外时间

我们要给一个工作或任务预留出10%的额外时间。这能给自己留出一些宽裕度和灵活性，在面对任何中断、变化以及额外的要求时不至于紧张。

9. 好好休息

我们知道，长时间连续工作的人会更多地出现注意力缺失、精力不济的情况，并且还容易在工作中犯错误。因此，要想有效率地工作，必须好好休息，才能应付较大的工作压力。

10. 养成好习惯，放下工作，出门旅行

辛苦工作一段时间后，我们要学会放下工作，带着家人一起出门旅行，给自己和家人留一些相处的时间，也给自己增添更多的活力。

> **小知识**
>
> 面对压力不断增加时释放出来的越来越多的信号，我们该如何观察？最可靠的指标通常出现在三个领域：身体状态，比如头疼、感冒、眼睛酸胀、疲劳、无精打采等；情绪状态，比如心情起伏不定、愤怒、偏执、抱怨等；思想状态，比如遗忘重要的事、在自己擅长的领域出现错误、失去动力、不再自信等。

Chapter 7　提高抗压能力，不断培养逆境中的强韧心理

多感受音乐，能缓解你的压力

<u>音乐可以刺激大脑皮层，使其兴奋，从而激发人的感情，消除人们由于各种因素而产生的紧张情绪。而且，人们在听音乐的过程中，也会融入自己的情感，使身心都得到释放。</u>

音乐会给我们的大脑带来惊人的积极影响。人们通过MRI（磁共振成像）等扫描大脑的磁力装置调查发现，音乐可以激活大脑中对愉快性刺激起反应的领域，身体会分泌出增强快感的多巴胺。

多巴胺是一种脑内分泌的化学物质，它是一种神经传送素，主要负责大脑的情欲、感觉，传递兴奋及开心的信息。多巴胺能传递快感，影响个体对事物的欢愉感受。因此，多听听音乐对于缓解我们生活和工作中的压力十分重要。美国著名音乐治疗专家纪兰诺修女曾这样说："音乐的旋律、节奏和音色通过大脑感应可引发情绪反应，并进一步影响生理状态。如果懂得如何控制反应过程，便能利用音乐来有效松缓神经。"

但是，如果你选择的音乐不合适，不但起不到放松心情的作

用，反而会使自己的压力感更加严重。可见听什么样的音乐也是有讲究的。

1. 不选择听快歌

以色列的研究人员曾给受试者佩戴心率检测仪，并让他们一边模拟驾驶一边听各种类型的音乐。结果发现，与听慢歌或什么也不听的人相比，听快歌的人闯红灯或发生车祸的概率高出两倍。比如，朋克或摇滚等节奏激烈的音乐，它们促进分泌的是增强愤怒的肾上腺素，而不是增强快感的多巴胺，有时会使人产生攻击倾向。

2. 多选择听自然韵类的音乐

瑞士苏黎世大学的研究者做过这样一个实验：研究者将参与实验的60名女性分为三组，分别让她们体验容易让自己产生压力的生活状态，这个时候给第一组女性听一般的流行音乐，给第二组女性听自然韵类的音乐，第三组则什么也不听。结果发现，听一般流行音乐的小组成员的唾液中检测出的压力激素比听自然韵类音乐的小组成员的更多。

因此说，自然韵类的音乐有助于缓解我们的压力。像这样的音乐有：

大卫·兰兹的音乐：大卫·兰兹的音乐善于挖掘内心细微的感受，能够影响人的情绪。

乔治·温斯顿的音乐：乔治·温斯顿的音乐朴素、舒服、旋律优美，有很好的减压功效。

安德烈·加侬的音乐：他是用温暖的心在演奏，他的音乐像潺潺流水一样可以抚慰人的心灵。

仓本裕基的音乐：仓本裕基对钢琴演奏极具天赋，他那让人深深沉醉的演奏，拥有与俄国作曲家及钢琴演奏家拉赫玛尼诺夫媲美的魅力。

神秘园的音乐：神秘园是由爱尔兰小提琴家菲奥诺拉·莎莉和挪威作曲家兼键盘手罗尔夫·劳弗兰组成的双人组合。

恩雅的音乐：爱尔兰女歌手恩雅拥有梦呓般的声线，她唱出的简单旋律神秘又空灵，被誉为"治愈心灵的音乐"，是很受心理专家追捧的减压音乐。

除了听音乐外，演奏音乐也有缓解压力的效果。当然，如果大家学过乐器，可以尝试着演奏一首自己喜欢的曲子，可以让自己每天沉浸在有活力的状态中。

> **小知识**
>
> 音乐可以降低身体的紧张程度，增强免疫系统的机能。经常听音乐不仅能促进人体免疫球蛋白的生成，提高人体的免疫力，还能促进人体自然杀伤细胞（机体重要的免疫细胞）的生成，自然杀伤细胞会攻击入侵人体的病毒，提高免疫细胞的活性。

反脆弱心理学

延伸阅读——坚韧人格的三要素

坚韧人格，有时也被称为"心灵盔甲"，是一种回弹的能力，指在一次又一次的失败后，仍能重振士气直至成功，抑或是改弦更张另谋出路。坚韧使你在屈辱、郁闷或失败的深渊中仍能看清自己，并强力回弹超越原来的你，从而收获更大的成功、更多的幸福，具有更坚强的内心。

科学研究表明，在遭受逆境与创伤后，人们不仅能恢复，还能获得成长。许多具备坚韧人格的成功人士在颓废的环境中愈挫愈勇。

1. 积极型乐观主义

科林·鲍威尔说："永远乐观，相信自己，坚守目标，心怀大志，激情昂扬，信心满满，这样你就会迸发出无穷的力量。"乐观就是对事情持有最积极、最有利的看法——相信会有最好的结果。它分为两种模式，一种是消极型的乐观，一种是积极型的乐观。

消极型的乐观主义者希望事情能变好，也相信事情会变好，但这类人仅仅是希望和相信，最终他们会将局面的控制权交给别人；积极型乐观主义者则不仅相信，还会用行动来促使事态好转。

积极型乐观主义与斯坦福大学的心理学家阿尔伯特·班杜拉提出的"自我效能感"很相似。1997年，班杜拉出版了关于人类动因的杰作《自我效能：控制的实施》。在这本书中，班杜拉提出，要达成目标，就要能够乐观地信任自己的组织和执行能力，这种乐观可以通过几种方式来获得。

（1）个人成就感

成就感很重要。失败的惯性和痛苦会使我们变得悲观。当下的成功预示着未来的成功，会激发出积极型乐观。

（2）观察

培养积极型乐观主义的另一种方法就是观察。观察在你想成功的那些领域，别人是如何取得成功的。当你看到那些与你相似的人成功时，会受到大大的鼓舞。

（3）自我控制

学会自我控制能提升积极型乐观主义，也就是说，在面对逆境时保持冷静、积极思考，控制冲动的念头并保持强健的体魄。

2. 决断力和责任感

决断力和责任感有几大障碍：

（1）因为害怕失败而丧失行动力

尼采说："凡不能毁灭我的，必使我强大。"所以不要害怕，勇敢地迈出步伐，哪怕失败也要去尝试。

（2）害怕被嘲笑

很多人嘲笑别人是因为他们不懂。《异类》的作者马尔科姆·格拉德威尔令人信服地论证了与众不同常常预示着非凡的成功。

(3)拖延,等待太久而不采取行动

如果你拖延是因为任务重得让你无从下手,那就使用"瑞士奶酪法则"。就是把任务分解为较小的、更容易操作的,一次只做一件事,先挑容易的做。

(4)试图取悦所有人,让太多的人参与做决定的过程

研究显示,在没有时间压力的情况下,大型决策小组能更有效地找到解决问题的方法。但是,在千钧一发之时,小型决策小组才更加有效。有时你需要独当一面,自己做决定。

(5)信息太多,范围太广,时间太少,以致无所适从

牢记"二八法则":在任何一组东西中,最重要的只占其中一小部分,约20%,其余约80%尽管是多数,却是次要的。

3. 顽强不屈

什么是顽强不屈?顽强不屈就是毅力,就是对目标的坚持,就是在出现困难、逆境、打击时愈挫愈勇的品质。那么,如何培养这种品质呢?

(1)选定目标,练习"坚持"

选出一个目标,要实现这个目标你只需要坚持按照计划去做。你要争取在某一件事情上拥有完全的控制权,想想你将会用怎样的努力去实现目标,然后开始行动。

(2)向模范们学习

我们看到或读到别人以顽强不屈的品质克服障碍取得成功时,我们自己的这种品质也会得到提升。所以,多看看或读读拥有这种品质的人物或书籍,是一种不错的方法。

Chapter 8

建立心灵后盾，
反脆弱心理需要他人的支持

　　一个人要想建立自己反脆弱的能力，除了强大自己的内心外，有时也需要借助他人的力量和支持。不懂得或不善于借力的人，在现代社会里很难有大的作为。

　　成功学大师卡耐基说："当一个人认识到借助他人的力量比独自劳作更有效益时，标志着他的一次质的飞跃。"每个人都渴望成功，但每个人都有自己的劣势，而学会借力便可以化劣势为优势。

心理测试：社会支持评定量表

国外研究表明，社会支持对身心健康有显著的影响，即社会支持的多少可以预测个体身心健康的结果。从已有的研究结果看，《社会支持评定量表》的测定结果与身心健康结果具有中等程度的相关性，即该量表具有较好的预测效度。

下面的问题用于反映你在社会中所获得的支持，请按各个问题的具体要求，根据你的实际情况填写。

1. 你有多少关系密切，可以给你支持和帮助的朋友？（只选一项）

   A. 一个也没有　　　B. 1~2个

   C. 3~5个　　　　　D. 6个或6个以上

2. 近一年来你____。（只选一项）

   A. 远离家人，且独居一室

   B. 住处经常变动，多数时间和陌生人住在一起

   C. 和同学、同事或朋友住在一起

   D. 和家人住在一起

3. 你与邻居 ____ 。（只选一项）

A. 相互之间从不关心，只是点头之交

B. 遇到困难可能稍微关心

C. 有些邻居很关心你

D. 大多数邻居都很关心你

4. 你与同事 ____ 。（只选一项）

A. 相互之间从不关心，只是点头之交

B. 遇到困难可能稍微关心

C. 有些同事很关心你

D. 大多数同事都很关心你

5. 从家庭成员处得到的支持和照顾有多少？（在无、极少、一般、全力支持四个选项中，选择合适的选项）

（1）夫妻（恋人）

A. 无　　　　　　B. 极少

C. 一般　　　　　D. 全力支持

（2）父母

A. 无　　　　　　B. 极少

C. 一般　　　　　D. 全力支持

（3）儿女

A. 无　　　　　　B. 极少

C. 一般　　　　　D. 全力支持

（4）兄弟姐妹

A. 无　　　　　　B. 极少

C. 一般　　　　　D. 全力支持

（5）其他成员（如嫂子）

A. 无　　　　　　B. 极少

C. 一般　　　　　D. 全力支持

6. 过去，在你遇到困难时，曾经得到的经济支持和解决实际问题的帮助的来源有____。

（1）无任何来源

（2）下列来源（可选多项）

A. 配偶；B. 其他家人；C. 亲戚；D. 朋友；E. 同事；F. 工作单位；G. 党团工会等官方或半官方组织；H. 宗教、社会团体等非官方组织；I. 其他（请列出）

7. 过去，在你遇到困难时，曾经得到的安慰和关心的来源有___。

（1）无任何来源

（2）下列来源（可选多项）

A. 配偶；B. 其他家人；C. 亲戚；D. 朋友；E. 同事；F. 工作单位；G. 党团工会等官方或半官方组织；H. 宗教、社会团体等非官方组织；I. 其他（请列出）

8. 你遇到烦恼时的倾诉方式____。（只选一项）

A. 从不向任何人诉说

B. 只向关系极为密切的1～2个人诉说

C. 如果朋友主动询问你会说出来

D. 主动诉说自己的烦恼，以获得支持和理解

9. 你遇到烦恼时的求助方式 ____。（只选一项）

A. 只靠自己，不接受别人帮助

B. 很少请求别人帮助

C. 有时请求别人帮助

D. 有困难时经常向家人、亲友、组织求援

10. 对于团体（如党团组织、宗教组织、工会、学生会等）组织活动，你 ____。（只选一项）

A. 从不参加

B. 偶尔参加

C. 经常参加

D. 主动参加并积极活动

计分方法

1. 条目记分方法

（1）第1~4题，8~10题，每条只选一项，选择A、B、C、D项分别记1、2、3、4分。

（2）第5题，每项从"无"到"全力支持"分别记1~4分，即"无"记1分，"极少"记2分，"一般"记3分，"全力支持"记4分。

（3）第6、7题如回答"无任何来源"则记0分，回答"下列来源"者，有几个来源就记几分。

2. 量表的统计指标

（1）总分：10个条目评分之和。

（2）维度分。

①客观支持分：2、6、7题评分之和。

客观支持是指客观的、可见的或实际的支持，包括物质上的直接支援，社会网络、团体关系的存在和参与等。

②主观支持分：1、3、4、5题评分之和。

主观支持是指个体在社会中受尊重、被支持、被理解的情感体验。

③对支持的利用度：8、9、10题评分之和。

个体对社会支持的利用存在着差异，有些人虽可获得支持，却拒绝别人的帮助。并且，人与人的支持是一个相互作用的过程，一个人在支持别人的同时，也为获得别人的支持打下了基础。

Chapter 8　建立心灵后盾，反脆弱心理需要他人的支持

懂得借力，没有人能搞定一切

<u>每个人在社会之中都与他人有千丝万缕的联系。所以，只靠独来独往、单打独斗会让自己举步维艰，能够懂得借力才是成功的关键。</u>

鲫鱼是生活在我国近海的一种鱼类，它们的头上长着一个类似印章的椭圆形印子，这个印子其实是个吸盘。当印子与其他动物的身体接触时，印子内的海水被排出来，印子与其他动物的皮肤就紧紧贴在一起，二者之间形成真空，印子便牢牢地吸在了动物的身体上或船上。于是，鲫鱼便随着它们周游四海，到食物丰富的地方去觅食。因此，人们把鲫鱼叫作"免费的旅行家"。

鲫鱼借助外力来帮助自己运动，它的这种行为给我们带来的启示是：当自身不够强大时，懂得利用外部力量来实现自己的目标，是一种睿智的选择。下面案例中的巴恩斯就是一位懂得借助他人力量的人。

反脆弱心理学

巴恩斯是一个一无所有的人，但他意志非常坚定。他决心要和当代一位最伟大的智者爱迪生合作。但要实现这个目标，巴恩斯面临着巨大的困难——他不认识爱迪生，也没有足够的钱买车票去找爱迪生。后来，巴恩斯终于来到了爱迪生的办公室，他不修边幅的仪表惹得办公室里的人一阵嘲笑，尤其是当他表明将成为爱迪生的合伙人时，大家笑得更厉害了。

爱迪生对他坚毅的精神有着深刻的印象，但爱迪生从来就没有什么合伙人，而巴恩斯也不足以成为爱迪生的合伙人。在开始的几年，巴恩斯在爱迪生的办公室里一直做设备清洁和修理工。直到有一天他听到办公室的一位销售人员在议论一件最新的发明——口授留声机。

在那个不流行用机器的年代，许多销售人员都认为这种东西很难卖出去。而聪明的巴恩斯却站出来，非常有信心地说："我可以把它卖出去！"自此，他做起了销售工作。

巴恩斯花了一个月时间跑遍了整个纽约城，一个月之后他卖了7部机器。之后，他将此项新发明成功地推向了市场。爱迪生因此与巴恩斯签订了合同，授权其在全美国销售此设备。通过这次与爱迪生的合作，巴恩斯发了财，也实现了他当初要成为爱迪生的合伙人的目标。

巴恩斯依靠自己坚韧不拔的毅力终于成了爱迪生的合伙人，实现了自己的梦想。如果单靠巴恩斯一个人的力量，那显然是不可能的，他是借助了爱迪生的发明成就了自己的事业。因此说，在激烈

Chapter 8　建立心灵后盾，反脆弱心理需要他人的支持

竞争的现代社会，想要立足和发展就必须学会借力生存。如果能用好借力，那么每个人都会少走许多弯路。当然，成功的路难免有坎坷，坚持是必不可少的，轻言放弃，借再多力也不可能成功。

> **小知识**
>
> 　　通常他人的力量很容易被我们忽视，人们所关注的焦点更多在于人类能力极限的问题上。其实，这是一个不可知的问题，毕竟，谁也不知道人类真正的极限在哪里。每当我们觉得有人已经做到了极致时，其他人又出现并超越我们以为的顶点。我们认为的已知极限不断被人重新定义，我们自身的极限也是如此。

你的后盾在哪里？最重要的三种人

<u>当你痛苦、充满矛盾、灰心丧气时，能在精神上给予你慰藉的人就是你的后盾。他们能让你振作起来，变得更有力量、更有动力。</u>

在你的身边总有人愿意倾听你的心声，接受真正的你，为你提供正能量，知道做什么才能在最大程度上帮助你。在你的生活中谁是这样的人呢？选出你的那些后盾，使你能够在自己脆弱的时候寻找心灵慰藉，这是培养反脆弱心理的准备工作。在罗列后盾清单时，要询问自己以下问题：

- 对我来说，哪些人是重要的？
- 过去我遇到问题时，是谁设身处地和我探讨并解决问题的？
- 谁时常鞭策我，支持我？

在你的人生当中，有三种最重要的人：

1. 亲人

他们是世界上最亲近的人，是只懂付出不求回报的人，是备受伤害也绝不离开的人，是风里雨里永生不弃的人，是能舍己为人的人。

2. 贵人

通常，贵人是指对你有很大帮助的人。比如，常说"出门遇贵人"，这里的贵人就是指对你有很大帮助的人。

3. 知己

知己，顾名思义是了解、理解、赏识你的人，更常指懂你的挚友或密友。它是一生难求的朋友，是友情的最高境界。

> **小知识**
>
> 有证据显示，人际关系带来的支持是坚韧人格的决定性因素。人际支持的好处在一个多世纪以前就人所共知了。查尔斯·罗伯特·达尔文在1871年的著作中就指出，成员之间乐于互助，能为共同利益做出牺牲的部落总能战胜其他部落。这同样适用于社交团队、公司团队和其他各种团队。

感恩曾在关键时刻帮助过你的人

人的存在和周围的事物息息相关，没有孤立的人，不论成长的过程还是事业的成功，都离不开他人的帮助。面对帮助过自己的人，我们要懂得感恩和回报。

古人历来重视道德修养和文明礼貌，自古就有"施恩不图报"的美德，但也有"知恩不报非君子"的古训。有"羊有跪乳之恩，鸦有反哺之义"的名句，更有"受人滴水之恩，当以涌泉相报"和"吃水不忘挖井人"的处世信条。

感恩不仅是一种品德，更是一种责任。感恩应是社会上每个人都应该有的基本道德准则，是做人的起码修养，也是人之常情。对今天的人来说，感恩意识绝不是简单的回报父母的养育之恩，它更是一种责任意识、自立意识、自尊意识和健全人格的体现。

晓丽在7个月大时因小儿麻痹症而右腿残疾。面对坎坷的人生,晓丽和她的家人积极面对,他们坚信知识能够改变命运。如今,晓丽大学毕业,收获了不少的学习荣誉,并有了自己的家庭。

回想这一路走来,晓丽非常感恩给予过她帮助的人,从小学到大学,都有同学和好心人在生活和学习上帮助她。结婚后不久,她便在街道做起了残疾人专职委员,专门为当地的残疾人群服务。每次有当地残疾人向她表示感谢时,她总是不好意思地笑着说:"这是我应该做的。现在我从事的工作,能让我更好地服务残疾人,也算是在回报帮助过我的人。"

在短短几个月的时间内,晓丽走访了当地近300户的残疾人家庭,摸清了他们的基本状况和需求,比如谁需要辅助器具,哪家的住房是危房,她都一一拍照和做笔记,并将材料进行分类和归档,适时上报残联和相关部门。

案例中的晓丽从小就残疾了,一路走来有很多人帮助过她,长大后她懂得感恩和回报,给自己的人生增添了许多幸福感。相反,假如她从小自暴自弃,对周围的所有人都不理不睬,那她的人生可能就是另一番面貌了。

总之,我们只有学会感恩——感恩社会、感恩生活、感恩父母、感恩老师、感恩他人,甚至感恩给自己带来挫折与失败的对手、敌人,我们才会更加热爱生命,关爱他人,从而赢得平和与快乐。

> **小知识**
>
> 　　人们从很久以前就开始研究情感,特别是积极心理学的产生使得积极情感的研究迅速发展,其中关于感恩这一情感的研究也受到了大家的关注。美国的罗伯·艾曼斯博士是感恩情感研究第一人。他认为,保持感恩情绪可以给心灵、情感、身体带来各种益处。

延伸阅读——人与人之间的四种关系状态

美国心理学博士亨利·克劳德提出，任何时候，人与人之间都只有四种可能的关系状态。其中只有一种可以帮助你成长，其他三种总是在削弱你获得成就和幸福的能力。如下表：

表8-1 四个层次的人际关系

关系状态	说明
第一层次：孤立状态	对人际关系丧失兴趣，与人相处时兴味索然，有被他人切断联系的感觉
第二层次：坏的连接关系	待在第二层次的经历是人类普遍的经历，这种关系让你感觉不舒服或者不满意，产生焦虑、恐惧、内疚、耻辱或者低人一等的自卑感受
第三层次：虚假的良好连接	这种关系将一切负面消息挡在身外，使人感觉"完美"。它会让人上瘾，但它不能持久，人们每天都需要努力找到更多的良好感觉

（续表）

关系状态	说明
第四层次：真正的连接关系	这种关系有三个关键词：关心、坦诚和结果——对别人给予足够的关心，说话的时候不伤害别人；对别人说话要直接坦诚；关注行为改变和更好的结果

附 录

关于内心强大的八大事实

内心强大意味着什么？许多人都对此有所误解。这里列出了一些关于内心强大的事实。

1. 内心强大并不是说你平时做事就一定坚韧不拔

成为一个内心强大的人并不是说你要和机器人一样无坚不摧。事实上，你的内心是否强大只和你能否坚持自己的原则有关。

2. 内心强大并不是说你就要忽视自己的情绪

要想让你的内心更加强大，你无须压抑自己的情绪，只要能够敏锐地察觉到情绪就行。强大的内心是指你能够理解和分辨情绪影响思维和行为的方式。

3. 内心强大并不是说你就得把自己当成机器

内心强大不是说要让你达到自己的身体极限，证明你能无视一切痛苦。内心强大是指你能好好地理解自己的思绪和感受，决定自己何时该跟着感觉走,何时该停下来好好想一想。

4. 内心强大并不是说你凡事只能靠自己

内心强大并不是说你不再需要其他任何人、任何更强大的力量的帮助。承认自己并非无所不知,在需要的时候请求他人帮忙,明白自己能够从更强大的力量中汲取能量,这才是内心强大的表现。

5. 内心强大并不是说你要乐观积极地去看待每一件事

过度的乐观与过度的悲观一样,有害无利。内心强大其实就是从现实角度理性地思考问题的能力。

6. 内心强大并不等同于拥有幸福

强大的内心能够帮助你提高平时生活中的满足感,但这并不是说你每天早上起床时一定要强迫自己感到愉悦幸福。事实上,内心强大是指你能够做出使自己发挥所有潜力的决定。

7. 内心强大并不是最新最热的心理学思潮

就像健身界一直以来都流行着各种瘦身方式一样,心理学领域也不乏各种教你怎么成为最好的自己的方法。让内心更强大这一课题并不是什么心理学新思潮。心理学界自20世纪60年代起就开始帮助人们了解并改变自己的思维、情绪和行为。

8. 内心强大并不等同于心理健康

医疗卫生行业往往将心理健康问题和心理疾病相提并论,但是内心强大与否与心理疾病没对应关系。即使人们患有感冒之类的小病,他们的身体也可以是强壮的;同理,就算你有抑郁症、焦虑症或其他一些心理健康问题，你的内心也可以是强大的。有心理疾病并不意味着你就有什么坏习惯。事实上，你还是可以培养健康的好习惯。虽然你可能要比别人做更多的事，比别人更加专注，比别人花费更多的精力，但你成功的可能性依然很大。

内心强大，必须学会这三点

修炼强大的内心，你要学会以下三点：

1. 保持心态平和，控制自己的情绪

弱者易怒如虎，强者平静如水。要想让自己变得更强大，首先要学会控制自己的情绪。关于如何控制自己的情绪，这里和大家分享几个方法：

（1）转移注意力

就是将自己的注意力转移到其他地方，不要一直在某件事情上生气。比如把注意力转移到一些有趣的事情上面，然后忘记某件让自己心情不好的事情，这样自己的情绪就可以得到很好的把控了。

（2）深呼吸

在你很恼火的时候，可以多做几次深呼吸，调节一下自己的情绪，并且在心里默默地自我暗示："不能生气，不能生气。"这两者可以一起做，这样会使自己的情绪好很多。

（3）适当地发泄

当自己的情绪受到外界影响时，不能及时发泄出来会对自己的身心造成影响，因此，可以采用适当发泄的方法让自己的情绪好起来，但是需要注意的是，发泄时一定不要影响到身边的朋友。

2. 擅长解决问题，拥有从容淡定的能力

要让内心变得强大，你还必须拥有从容淡定的能力。正如古话所说："卒然临之而不惊，无故加之而不怒。"

真正内心强大的人必然是大智大勇者，这种从容淡定来自内心的豁达，他们懂得运筹帷幄之中，懂得事先规划与复盘，所以才会更加淡定。

从容淡定的人，大都懂得事物的发展规律，相信阴阳相互转换、否极泰来、天无绝人之路，更相信船到桥头自然直、很多事情一定会有解决办法。与其焦虑与困扰，不如在每个当下积蓄能量，等到困难来临时，无须彷徨，只需自然应对即可。

可以说，拥有从容淡定的能力的人，大都经历了多年的闯荡与打拼，适应力很强。他们能快速感知环境的变化，懂得调整自己的频率与节奏。他们具有一种强大的解决现实问题的能力，这是他们内心强大的根源。

3. 有坚定的目标与强大的执行力

想要内心强大，你必须有坚定的目标和强大的执行力。看起来软弱的唐僧能够历经九九八十一难取经回来，与他有坚定的目标是分不开的。我们每个人都需要目标，目标是我们强大的动力。当你有了坚定的目标，自然就会拥有坚持到底的勇气与实现目标的决心。

另外，你需要理解目标和欲望的区别。许多人都认为自己的欲望就是目标。其实不然，目标是你内心真正想要得到的某样东西，而欲望则是阻碍你实现目标的绊脚石。比如，你想深度思考，但是欲望是想要玩手机、看电视。而你为了实现自己的目标，就一定要懂得克制自己的欲望。

自律是你实现目标的前提，也是你对目标深刻的认同。当你对目标完全没有认同感的时候，你可能很难执行到底，这也是影响你内心强大与否的重要因素。大多时候，我们的内心是被欲望占领的，从而淡化了内心真正的目标。因此，只有拥有坚定的目标，在生活中切实规划好目标的路径，才能真正成为一个内心强大的人。

总之，要成为一个内心强大的人并不是一件容易的事情，你需要学会三点：保持心态平和，控制自己的情绪；擅长解决问题，拥有从容淡定的能力；有坚定目标与强大的执行力，将其在生活中做到极致。这样，你的内心才会真正强大起来。